面白くて眠れなくなる物理パズル

有趣得让人睡不着的物理

[日] 左卷健男 著

安可 译

北京时代华文书局

图书在版编目（CIP）数据

有趣得让人睡不着的物理 ／（日）左卷健男著；安可译 . — 北京：北京时代华文书局，2019.6（2025.5 重印）

ISBN 978-7-5699-3038-2

Ⅰ . ①有…　Ⅱ . ①左…　②安…　Ⅲ . ①物理－青少年读物　Ⅳ . ① 04-49

中国版本图书馆 CIP 数据核字（2019）第 086678 号

北京市版权局著作权合同登记号　图字：01-2024-0498

OMOSHIROKUTE NEMURENAKUNARU BUTSURI PUZZLE

Copyright © 2018 by Takeo SAMAKI

Illustrations by Yumiko UTAGAWA

First published in Japan in 2018 by PHP Institute, Inc.

Simplified Chinese translation rights arranged with PHP Institute, Inc.

through Bardon-Chinese Media Agency

有 趣 得 让 人 睡 不 着 的 物 理
YOUQU DE RANG REN SHUIBUZHAO DE WULI

著　　者｜［日］左卷健男
译　　者｜安　可

出 版 人｜陈　涛
选题策划｜高　磊
责任编辑｜徐敏峰
执行编辑｜洪丹琦
装帧设计｜程　慧　段文辉
责任印制｜刘　银　訾　敬

出版发行｜北京时代华文书局 http://www.bjsdsj.com.cn
　　　　　北京市东城区安定门外大街 138 号皇城国际大厦 A 座 8 层
　　　　　邮编：100011　电话：010 - 64263661　64261528
印　　刷｜河北京平诚乾印刷有限公司　　　电话：010-60247905
　　　　　（如发现印装质量问题，请与印刷厂联系调换）
开　　本｜880 mm × 1230 mm　1/32　印　张｜7.25　字　数｜110 千字
版　　次｜2019 年 7 月第 1 版　　　印　次｜2025 年 5 月第 35 次印刷
书　　号｜ISBN 978-7-5699-3038-2
定　　价｜39. 80 元

自序

　　"用细绳把胡萝卜水平吊起，从绑细线的位置切断胡萝卜，哪边的胡萝卜更重？"事实上，这个问题关系到杠杆与平衡。杠杆可以将很小的力放大。

　　我们周围有很多利用杠杆原理（即转动物体的"力矩"平衡原理）的东西，例如剪刀、开瓶器、螺丝刀、门把手、水龙头、自行车的车把、汽车的方向盘等。这些东西的使用都与物理法则密切相关。

　　本书以猜谜的形式来呈现内容。每篇开头都会抛出与前文类似的小问题，让大家一边阅读一边思考。相信大家会惊讶地发现"原来这里也有物理法则"，从而对这些法则产生浓厚的兴趣，并在不知不觉中加深对物理知识的理解。

　　本书讲述的都是物理学基础知识。相信大家都知道物理学是自然科学（以下称为"科学"）的一种。物理学的研究对象小到基本粒子、原子，大到宇宙，自然界的一切都属于物理学的研究范畴。

物体及其运动都遵循自然界的共通法则，而物理学旨在探究这些自然界最根本的法则。

在日本，学校会教学生物理、化学、生物、地理这四门理科学科[1]，其中物理是抽象度最高的学科，许多人都对此感到非常头疼。确实，力、能量、波、电磁等都非常抽象，不易理解，每个知识点都难以用一般的方法掌握。

本书将内容重点放在中小学物理，尤其是中学物理上。

每章的划分也以日本中小学物理为依据。书中没有一下子讲到高中物理知识，而是通过巩固小学、中学的物理知识点，即物理基础知识，循序渐进地进行讲解。通过这种方法，我们可以有效进入下一阶段的学习。

本书采取猜谜的方式来叙述，这是我从理科教学经验中总结出来的，即：提出问题并确认问题→写下自己的猜想和思考过程→讨论→根据讨论，写出经过深思熟虑得到的答案→通过实验和观察验证答案→写下实验及观察后得到的确定答案→备注进一步的问题、科学术语及补充说明。

本书的目标是让读者在一定时间内弄懂各个谜题，并

---

[1]　在中国，地理通常被划分为文科。

体会解谜带来的乐趣。我以往讲课采用的是这种方式，在科研中也是如此，我们经常提出问题，进而探究问题。本书列举的很多谜题均来自我教中学物理时采用过的课题。

接下来，就请尽情享受"有趣得让人睡不着的物理"世界吧！

左卷健男

目录

Puzzle 1 **物体的质量、体积、密度**

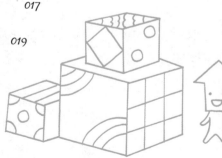

Puzzle 2　光与声音

Physics

有趣得让人睡不着的物理

Puzzle 3　温度和热

Puzzle 4　力与运动

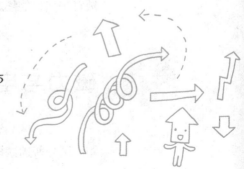

Puzzle 5　　磁力与电力

Puzzle 6

原子能与放射线

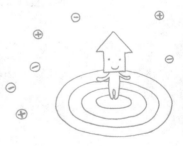

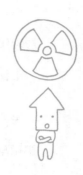

Puzzle 7　超能力与心灵现象

Puzzle 1
物体的质量、体积、密度

称重的姿势不同，体重会变吗

🅀 如图所示的姿势踩在体重秤（精度为 100 g）上。当指针稳定的时候，哪种姿势指针指的刻度最大？

1. 双脚平稳地站着
2. 单脚平稳地站着
3. 双腿弯曲、重心下沉，双脚使劲往下踩
4. 以上姿势均相同

物质守恒定律

正确答案是 4。将铝箔折叠 8 次再弄成圆球、把装入塑料袋中的仙贝用木槌砸成粉末状、让水杯里的糖溶在水里称重，你会发现这几种情况下，指针所指的刻度都不会发生变化。物体的质量不会因其形状或状态改变而改变。我们把这个法则称为"物质守恒定律"。

人站在体重秤上也是一样的道理，无论是双脚站还是单脚站，重心在上还是在下，发生变化的仅仅是体重秤上物体的形状。物体本身具有质量，而这个质量是守恒的。究其根本原因，其实是所有物体都是由原子组成的。

我现在坐在电脑前打字，组成这台电脑的金属、塑料、液晶等都是由原子构成的。不单单是电脑，一切物体都由原子构成，当然也包括我们的身体。

原子非常小、非常轻，在化学反应中无法再分割成更小的粒子。同一种类的原子，大小和质量均相同。原子种类不同，原子的大小和质量也不一样。换言之，原子的种类决定了原子的质量及大小。

除了放射性物质，原子一般无法轻易改变种类，既不会消失，也不会新生。

物体由原子构成，即使形状发生变化，原子数也不会变。物体溶于水，或者固体熔化成液体，不管状态如何变化，只要全部放在秤上，指针所指的刻度就不会产生变化。当然，除非一部分原子可以跑到其他地方。

当加上其他的东西时，相当于这个东西的原子全部加了上来，因此质量也需要相加。

重、质量、重量

接下来，我们了解一下"重""质量""重量"三者的共同点和不同点。

"质量"一词表示物体中所含物质的量，它是一个常量，不因物体的形状、状态、运动状态（运动或静止）、位置（在地球或月球上）等变化而产生变化。

重量则是地面上物体受到的来自地球的吸引力，即"重力"大小的度量。重量有时候也可以表示质量，但这种用法是不规范的。地球表面上的物体受到的重力与物体的质量成正比。我们在日常生活中经常使用"重"这个字，大多数情况下代表质量，但偶尔也会表示重量。

我认为，说质量和重量都无所谓的时候可以用"重"，需要区分的时候最好分别使用"质量"和"重量"来表述。或许，我们想表达质量的时候用"重"这个字也无可厚非。不过，"重"在日常生活中是一个意思较为模糊的字。

　　质量在任何地方都不会变。物体在月球表面的重力大约为地球上的 1/6，但是质量完全相同。体重 60 kg 的人不管跑到月球上还是水里面，质量都是 60 kg，但重量在月球上和水里会变小。

喝果汁后体重会如何变化

Q 两脚站在体重秤上，观察指针所指的刻度。喝 500 g 果汁以后，体重秤的指针所指的刻度会如何变化呢？

1. 正好增加 500 g

2. 大约增加 300 g

3. 大约增加 100 g

4. 没有变化

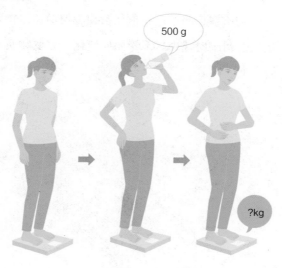

物质的进出与质量的变化

正确答案是 1。喝下 500 g 果汁以后，体重会增加 500 g。果汁经过口腔—食道—胃—肠被人体吸收，整个过程中质量不会发生变化。

但是，经过一段时间后会如何变化呢？

喝果汁会增加你的体重，排泄又会减少你的体重。

而且，即使没有食物的进进出出，体重也会逐渐减少。身体吸收的食物有一部分会以看不见的形式排到体外，比如其中的水分可以从皮肤表面蒸发。即使静止不动，人每天也有 0.8～1 L 的水分通过皮肤逃到大气中，换算成质量为 800～1000 g。

物质增加的话，质量便会相应地增加。物质减少，质量也会相应地减少。不管如何变化，只要物质不变，质量就不变。

水会掉进锥形瓶内吗

Q 如图，在漏斗中注入水，打开弹簧夹，水会怎么样？

1. 水除部分附着在玻璃管内壁外，其余均流入锥形瓶
2. 水会沿着弹簧夹开启的位置向下流，不会流入锥形瓶或者仅少量流入
3. 水会停留在弹簧夹开启的位置

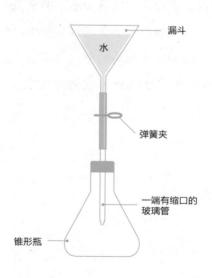

漏斗

水

弹簧夹

一端有缩口的
玻璃管

锥形瓶

物体的体积

答案是 2。物体不仅有质量，还有体积。物体的体积指的是物体占据空间的大小。任何物体都会占据空间。物体放在空气中，会占据掉一定空间，并排开相应量的空气。

在盛有水的杯子里沉入物体，便会排出与物体等体积的水，杯子里的水平面就会上升。

物体具有质量和体积。反过来说，具有质量和体积的就可以称之为物体。

空气也有体积。打开弹簧夹，漏斗里的水在重力作用下向下流动，挤压锥形瓶内的空气，尽管与压缩掉的空气体积相等的水会进入锥形瓶中，但很快水就会停止流动。因为锥形瓶内的空气占据了一定的空间，也具有一定的体积。如果想办法将空气排出，水就能不停地流入瓶中。

塑料袋中空气的质量

Q 有两个相同的塑料袋（容积均为 500 mL），一个装入 300 mL 空气后封口，另一个敞口。

将两个塑料袋放在精度为 0.1 g 的秤上称重，哪个更重一些？

1. 封口的塑料袋

2. 敞口的塑料袋

3. 一样重

 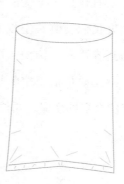

* 用塑料袋本身封口

空气质量的测量方法

正确答案是 3。你可能会觉得，先测量塑料袋的质量，再将空气放入袋中封口，袋子的总质量会与进入的空气量出现同等的增加，但事实上，这个方法无法测出空气的质量。封口塑料袋里的空气和敞口塑料袋中的空气是一样的，即使把袋口封起来，也不过像是把敞口时的空气包起来一样。在容器中加入与周围空气一样的空气，是测不出空气中的空气质量的。

同样，在水中也测不出水的质量。给塑料袋中注入水后封口，充其量只是把袋子里原本有的水包裹起来。

空罐子里充满与四周相同的空气。把空罐子放在秤上，也只能测出罐子的铁或者铝的质量，不包含罐子里空气的质量。这与封口的塑料袋无法测出空气的质量是一个道理。

如果我们要测量空气的质量，可以把周围的空气使劲压缩到容器里。例如，用自行车打气筒给空的喷雾罐打气，测完质量后将空气排出。还可以把容器变成真空状态来测容器的质量，再注入空气测容器的质量。

空气比固体轻得多

Q 面积为 20 m² 、高 2.5 m 的房间里空气的质量为多少?

1. 600 g

2. 6 kg

3. 60 kg

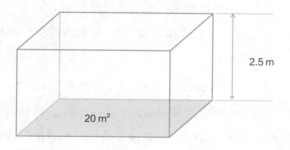

2.5 m

20 m²

1L 空气有多重

正确答案是 3。

先测出罐子的质量，然后在罐子里不断注入空气后再测罐子的质量，就能知道后来注入的空气有多重。

从罐子中释放出 1L 的空气，喷雾罐的质量就会减少。通过计算罐子前后质量的差，可以算出 1L 空气的质量。

在 0℃ 的环境中，1L 空气重 1.29g，20℃ 时 1L 空气重 1.2g。同样质量的空气在 20℃ 时比 0℃ 时会更膨胀，体积更大，因此质量会减小。

1 日元硬币的质量正好是 1g，20℃ 时的 1L 空气只有约 1.2g，这么一看，就会发现 1L 空气"很轻"吧。没错，与固体、液体比起来，空气要轻得多。

不过，古语有云"积土成山"，质量轻的空气堆积起来也可以变得很重。

"L"（升）的意思是"dm^3"（立方分米），$1m=10dm$，所以 $1m^3=1000dm^3$，也就是说，$1m^3=1000L$。房间的容积为 $20m^2 \times 2.5m = 50m^3$。如果换算成以 L 为单位，则房间的容积就是 $50 \times 1000 = 50,000$（L）。

20℃ 时，1L 空气的质量为 1.2g，所以房间整体的空气质量为 $50,000L \times 1.2g/L = 60,000g = 60kg$。

密度

密度表示物体每立方厘米有多少克的质量。衡量像气体那样每立方厘米质量很小的物体时，我们通常会用每升的质量来表示。

那么对于各种各样的固体，我们该如何计算每立方厘米的质量呢？

首先需要测量物体的质量与体积。例如，某物体质量为 393 g，体积为 50 cm³。由此可计算出，每立方厘米的质量为 393÷50 = 7.86（g）。

质量÷体积=密度。

假设每立方厘米的质量为 A 克，密度可以表示为 A 克/立方厘米（g/cm³），其单位读作克每立方厘米。

"/"为表示单位含量是多少的符号。例如，每根铅笔 0.2 元，可以表示为 0.2 元/根；每个月的零花钱为 500 元，可以表示为 500 元/月。

各种各样的气体密度

在 0 ℃、1 个标准大气压的条件下，1 L空气的质量为 1.29 g；占空气体积 78% 的氮气为每升 1.25 g；二氧化碳为每升 1.98 g；丙烷为每升 2.02 g；最轻的氢气为每升 0.09 g。

我们在考虑空气的质量与密度问题时，通常认为空气干燥，不含水蒸气。与干燥的空气相比，水蒸气更轻（密度小），如果包含水蒸气，相应体积的干燥空气就会被挤走，因此湿度越大，空气越轻。

但是，当我们说"同一温度下，湿润的空气更轻"时，切忌认为是液态水导致空气湿润。湿度增加是气态的水，即水蒸气较多导致的。

氢气的质量和真空的质量

Q 有两个相同的容器，质量很轻，且非常结实，可以储存、释放气体。在其中一个容器中储存氢气，使另外一个容器变成真空。假设容器变成真空后既不会破损，也不会变形（现实中并不存在这样的容器，此处为假定情形）。

存有氢气的容器一经释放便会上升到空中。那么，放开真空容器后会发生什么呢？

1. 不上升，降落
2. 比储存氢气的容器上升快
3. 比储存氢气的容器上升慢

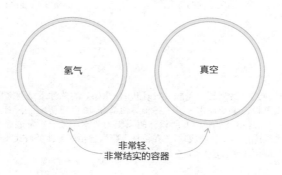

氢气　　　　　　真空

非常轻、
非常结实的容器

最轻的氢气也有质量

答案是 2。常温常压下最轻（密度最小）的气体是氢气，其次是氦气。氦气的质量大约为同体积氢气的 2 倍。

即使很轻，氢气也有质量。因此，对于装入氢气的容器，总质量为氢气和容器的质量之和；而对于真空容器，总质量仅为容器的质量。

由于是同样的容器，且存有氢气的容器在空气中上升，所以可推断真空容器上升得更快。

氢气曾经被用于飞艇

第二次世界大战以前，齐柏林飞艇[1]堪称"天空明星"。齐柏林飞艇使用了密度最小的氢气。但是，1937 年 5 月，载有 97 名乘客的"兴登堡号"从德国抵达美国准备着陆时，氢气遇火爆炸，导致 36 人死亡。这场事故后，飞艇改为使用氦气。

---

[1] 一种或一系列硬式飞艇（Rigid airship）的总称，是著名的德国飞艇设计家斐迪南·冯·齐柏林伯爵在 20 世纪初期以大卫·舒瓦兹（David Schwarz）所设计的飞艇为蓝本，进一步发展而来的。由于这系列飞艇的成功，"齐柏林飞艇"甚至成为此类硬式飞艇的代名词。（译者注）

人体的密度与水的密度

·

Q 人体的平均密度与水的密度比起来是大还是小？

1. 比水大

2. 吸满空气的状态下比水小，呼气状态下比水大

3. 比水小

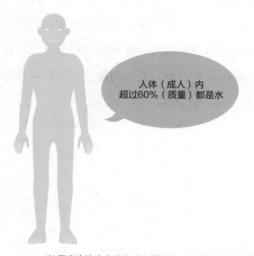

人体（成人）内
超过60%（质量）都是水

*如果密度比水小会在水中浮起来，比水大则会沉下去。

人体的密度接近于水的密度

答案是 2。当人吸入足够的空气时，人体的平均密度会比水的密度（1 g/cm³）稍小一些。人吸入空气时，肺部为膨胀状态，人体的平均密度会降低。此时，仰面将脸置于水面之外，身体可以浮起来。

但是，人吐气时肺部收缩，平均密度会比水的密度稍大，身体便会沉入水中。如果喝水使体内一部分空气被水占据，人体的平均密度会更大。我们之所以溺水时身体会沉入水中，就是因为水进入了肺部。

此外，在淡水泳池游泳与在海水里游泳，身体的漂浮程度也有所不同。海水密度比淡水密度更大，人更容易漂浮。位于以色列和约旦国境交界处的死海盐分浓度很高，人可以完全漂浮在水面上。死海的盐分含量高，使得海水的密度超过 1.2 g/cm³。

水的奇妙性质

Q 户外的空气温度为 −10 ℃，湖面已结冰。这时测量湖底的水温会是多少摄氏度？

1. 4 ℃

2. 2 ℃

3. 0 ℃

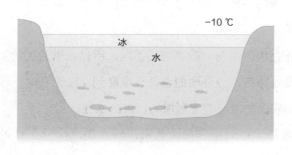

水的密度在 4 ℃ 时最大

答案是 1。湖面结冰，冰下面的水温是 0 ℃。但是 4 ℃ 的水的密度最大，所以会沉到水底。

冰在 0 ℃ 时的密度是 0.9168 g/cm³。冰融化的时候，体积大约缩小近 10%；0 ℃ 时，会变成密度为 0.9998 g/cm³ 的水。随着温度的上升，水的密度增大，当温度升至 3.98 ℃ 时，水的密度达到最大值 0.999 973 g/cm³。但我们一般粗略称 4 ℃ 时水密度最大，为 1 g/cm³。

温度继续上升，水的密度会减小。不过，即使达到水的沸点 100 ℃，水的密度也有 0.9854 g/cm³，仍然比冰的密度约大 5%。像水一样液体密度大于固体密度的物质非常有限，铋等物质也属于这一类。

寒冷的冬夜，水管会破裂就是由于水变成冰以后体积增大了。

正是因为水与一般的物质不同，所以水里的生物才能安全度过寒冬。当外面的空气温度降到 4 ℃ 左右时，池塘或者湖表面的水密度逐渐增大，沉到水底。

随着 4 ℃ 时密度最大的水沉到水底，接近 0 ℃ 的水会不断升至水面附近。当气温降低，水面便开始结冰。冰的密度小于水，所以会浮在水面上。水面结冰以后，冰层会起到隔热作用，即使在寒风刺骨的夜里，也可以防止水底结冰。

如果水同一般的物质一样，温度降低时密度会增大的话，便会出现冰冷的液体聚集于底部，导致底部的水冷冻起来的情况。

◆ 水分子的聚集方式

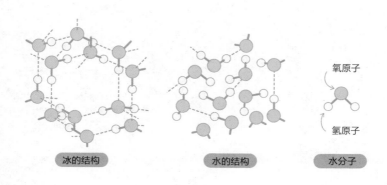

氧原子

氢原子

冰的结构　　　　水的结构　　　　水分子

这种情况下，由于缺乏能起到隔热作用的东西，从上到下都会冻得非常结实，水里的生物根本不可能存活。

水变成冰的时候体积增加、密度减小，是因为结冰后水分子规则排列，水分子之间的空隙变多。

冰融化成液体后，部分晶体结构被破坏，缝隙的一部分被水分子紧密地挤压在一起，使得水比冰的密度更大。

温度持续上升，水分子填满缝隙使得水的密度增大；但是当温度再度升高时，水分子的热运动变得激烈，导致分子的运动空间增大，密度减小。因此，水的密度有一种奇妙的平衡，4 ℃时密度最大，超过 4 ℃反而会逐渐减小。

Puzzle 2
光与声音

H

在完全黑暗的环境中可以看到东西吗

Q 当我们处在完全没有光（准确来说是没有可见光）的黑暗环境中，还能否看到东西？

1. 看不到

2. 当眼睛适应之后可以看到

光源与反射

答案是 1。我们之所以可以看到各种各样的东西，是因为物体表面的光（可见光）能够到达我们的眼睛。眼睛接收包含物体的颜色、形状的光信息，大脑则根据光信息识别物体的颜色与形状。在大脑的作用下，我们才能完成看到物体的整个过程。

在完全无光的黑暗环境中，物体发出的光到不了人眼，人即使再聚精会神也无法看到物体。有时候会遇到眼睛适应以后可以依稀看到物体的情况，这是由于物体表面有很微弱的光。

人眼可以看到的物体分为自己发光的物体和反射光的物体。太阳、电灯等可以自行发光的物体叫作光源。我们看见的大部分物体都是通过光源照射，光线反射进眼睛才看到的。我们之所以能看到璀璨的月亮，其实是因为月亮反射了太阳光。真正无光（无可见光）的黑暗环境中，物体无法把光线反射到人的眼睛里，我们自然也就无法看到物体。

阿波罗宇宙飞船与角锥棱镜

Q 阿波罗宇宙飞船在月球表面设置了反射镜，从地球向该反射镜发射激光脉冲，通过激光往返的时间可以测算月球与地球之间的距离。为了保证地球或者月球的位置改变也不影响观测，需要事先做好什么准备？

1. 用地球上的无线电波控制月球上反射镜的角度
2. 通过组合反射镜，使光线回到原先的方向

我们身边的角锥棱镜

答案是 2。阿波罗宇宙飞船测量地月距离时，在月球表面放置了一个由三面互成 90°的镜子组成的角锥棱镜。光线无论从上下左右哪一个方向射入，都会回到原来的方向。这种棱镜同成 90°夹角放置的两面镜子的原理一样。

阿波罗宇宙飞船（11 号、14 号、15 号）均在月球表面设置了角锥棱镜，从地球发射激光脉冲，通过激光往返的时间可以正确测量地球与月球之间的距离。

◆ 两面镜子的反射与角锥棱镜的反射

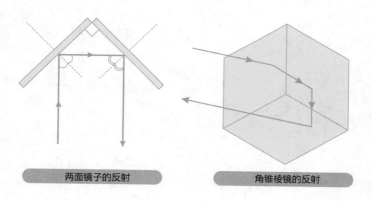

两面镜子的反射　　　　　角锥棱镜的反射

如果在人造卫星上安装角锥棱镜，从日本的某一点发射激光，则会有激光射线返回该点；在美国的某一点发射亦然，也会有相应的激光射线返回至美国的这一点。

　　我们身边可以看到很多角锥棱镜的应用。安在自行车后面的红色反光板、道边和路口设置的黄色或白色反光板都装了很多极小的角锥棱镜。

镜面反射与漫反射

◆ 漫反射

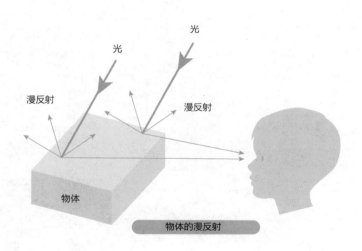

物体的漫反射

射向物体的平行光束平行地朝着一定的方向反射，这种反射叫作镜面反射。在经过仔细抛光的平面金属、镜子上产生的反射现象都是镜面反射。而纸张等表面凹凸不平的物体，即使接收到同一方向的光线，也会从各种各样的角度反射回去，这种反射现象叫作漫反射。我们可以认为漫反射表面是由各种不同角度的小平面组合而成的。

潜水镜与折射

Q 在海水里游泳的时候，戴潜水镜可以保护眼睛不直接接触海水。那么，戴潜水镜和不戴相比，海中的物体看上去会有什么变化呢？

1. 更清晰可见
2. 变得稍微有点模糊
3. 不会有任何变化

光在水里不容易发生折射

答案是 1。人的眼睛不适合在水里看物体，因为眼睛的角膜、晶状体的主要成分几乎都是水。人的眼睛直接接触水以后，水中射向眼睛的光线无法在晶状体发生正确的折射，所以看东西会很模糊。但是，当我们戴上潜水镜后，光线是通过眼镜内的空气进入晶状体，会发生正确的折射，因此和在水上看物体是一样的效果。

◆ 戴上潜水镜后

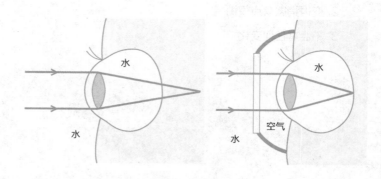

不过，戴上潜水镜后，人的视野会变窄，不像平时能看到将近 180°那么大的范围。所以，我们在水下需要注意鲨鱼等危险生物。

将荧光灯的光聚焦于纸上

Q 你有没有试过用凸透镜将太阳光聚焦到纸上？纸上会出现一个光线聚集的点。

那么，把荧光灯的光线聚集起来会出现什么现象？

1. 光线聚集成一点
2. 呈现发光的荧光灯管的形状
3. 呈现模糊不清的圆形

凸透镜成实像

答案是 2。竖起一根点燃的蜡烛，用焦距为 5～15 cm 的凸透镜观察火焰，在凸透镜焦点稍稍靠后的地方放一张白纸，我们会发现白纸上出现了一个倒立的蜡烛火焰的像。这个像与照镜子所呈现的虚像不同，是由光线实际聚集于纸面呈现出的像，我们称其为"实像"。

太阳光通过凸透镜聚集成圆形的点，是因为圆形的太阳在凸透镜作用下成实像。如果碰到日食，太阳缺了一半，那么凸透镜聚集的像也会是缺了一半的形状。

荧光灯的光线经过凸透镜聚焦后，所成的像是荧光灯管的形状。

凸透镜也有成虚像的情况。将物体放在凸透镜的焦点上，实像会跑到镜头前面无限远的地方。如果把物体放在凸透镜焦点内，成的像则为虚像。而且，其呈现的虚像不是倒着的，而是与实物方向相同、变大的虚像。用凸透镜可以把报纸上的文字放大，利用的便是凸透镜成虚像的原理。

骤雨后看见彩虹的方法

Q 雨后仍有水滴飘浮在空中，当阳光照射到水滴上，便能看到彩虹。在天气发生"晴→雨→晴"快速变化的情况下，彩虹更容易出现。尤其在下午骤雨后的晴天，阳光照射到水滴上，会给人们提供绝佳的欣赏彩虹的机会。那么，下午骤雨后的彩虹会出现在天空哪个方位？

1. 东边

2. 西边

3. 南边

4. 北边

5. 有可能出现在任何一个方位

三棱镜与光的色散

正确答案是 1。当阳光照射到三棱镜（光滑且被相交的两个以上的平面包围着的透明体）上时，光线会发生折射，我们可以观察到从红色到紫色的彩虹色。这种现象是由于这些光的波长不同、折射率不同，导致光线发生了不同程度的折射。

紫光比红光折射率大，光（可见光）会根据不同波长按照从红到紫的顺序依次排列。这种现象叫作光的色散。太阳光虽然呈现白色，但太阳光中包含了颜色不同的各种光。

◆ **通过三棱镜后形成的光带**

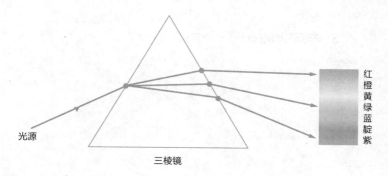

光源

三棱镜

红橙黄绿蓝靛紫

如何看到彩虹

天空中出现彩虹和光线透过三棱镜形成光带是同一原理。

背对太阳，我们经常可以在公园浇灌草坪的喷水设施、喷泉喷出的水柱附近看到彩虹。

◆ 透过水滴观察红色与紫色

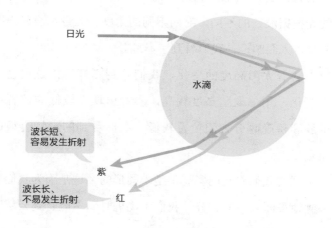

雨后的空气里仍残留着大量的水滴。当太阳照射到水滴上时，水滴便可起到三棱镜的作用，形成彩虹。夏天经常下骤雨，天空瞬间乌云密布，大雨倾盆而下，而且骤雨天气经常伴随雷鸣，雨从下午下到傍晚。太阳中午位于南边的天空，下午到傍晚之间逐渐向西移动。由于人背对太阳看到彩虹，所以我们看到的彩虹出现在东边的天空。

虹（主虹）与霓（副虹）

太阳光照射到水滴上发生折射，在水滴里发生一次反射后再次折射出来的光线称为虹（主虹）。从水滴里射出的光根据波长的不同，射向不同的角度。大量水滴射出的光线进入眼睛，使我们看到了彩虹。

随着太阳高度的变化，我们看到彩虹的位置也会发生变化。正午太阳高度较高，彩虹出现在较低的位置；早晨和傍晚时分太阳位置较低，我们看到的彩虹会很高而且很大。

通常我们看到的彩虹都是半圆形的，这是因为我们看不到地平面以下的部分。我们坐飞机时偶尔能看到云层上形成的彩虹，形状是一整个圆。

有时候，在彩虹外侧可以看到另一道彩虹，我们把另一道彩虹称作"霓"（副虹）。霓的顺序与主虹相反，最内侧是红色，最外侧是紫色。

蓝光的散射与吸收

Q 我们周围很多物体的颜色是由太阳或灯泡等光源的光照射到物体上，无法被物体吸收而反射出来的光的颜色决定的。

太阳和灯泡的光之所以是白光，是因为它们发出的光是由波长较长的红色到波长较短的紫色等多种可见光集合而成。阳光和灯光照射到物体上时，物体会吸收和反射特定颜色的光，于是，人们便看到了物体的颜色。

天空蓝和海水蓝的原理是否基本相同？有什么差别？

1. 天空蓝主要是因为光的散射，海水蓝主要是因为光的吸收

2. 天空蓝主要是因为光的吸收，海水蓝主要是因为光的散射

3. 天空蓝和海水蓝的主要原因都是光的散射

4. 天空蓝和海水蓝的主要原因都是光的吸收

天空呈现蓝色是因为光的散射

答案是 1。大气中的氮、氧分子及其分子集团的微粒对太阳光的散射使得天空呈现蓝色。光的波长越短，越容易发生散射，如蓝色光和紫色光更容易向四面八方散射。所以，当我们抬头仰望天空，散射光的一部分进入我们的眼睛，于是我们就看到了蓝色的天空。

海水呈现蓝色是因为光的吸收

海水基本都是水分子，光几乎无法散射，海水本应是无色透明的，实际上却呈现蓝色。这是由于水分子可以吸收红色光。实验证明，水分子对波长为 760 nm（纳米）的红光吸收能力较强，对波长为 660 nm 的红橙色光与 605 nm 的橙光的吸收能力较弱。红色光被吸收，剩下蓝色光。残留的光经过水中物质（垃圾、浮游生物等）的漫反射到达我们的眼睛。所以，海水呈现蓝色主要是因为红色光被水分子吸收了。

百米赛跑巧妙的发令设计

Q 田径场每条跑道的宽度是 1.22 m（2004 年起采用的国际标准）。9 条跑道上的选手并列比赛的话，两边选手的间隔超过 10 m。假设发令员（示意比赛开始的裁判人员）到 1 号跑道选手的距离是 1 m，到 9 号跑道选手的距离为 10 m。如果发令员在比赛开始时使用弹药爆破式发令枪，那么发令枪响起时，枪声从 1 号跑道选手传到 9 号跑道选手，大概存在多长时间的延迟？

1. 0.03 s
2. 0.02 s
3. 0.01 s
4. 不足 0.01 s

不会因跑道不同而产生差别的发令

答案是 1。至今为止，男子百米赛跑的世界最高纪录保持者是牙买加的博尔特。2009 年 8 月 16 日，博尔特创下了世界最高纪录 9.58 s，当时的风速为顺风 0.9 m/s。

正式比赛中，时间记录需要精确到 0.01 s。

以前学校开运动会的时候使用的发令枪是常见的弹药爆破式手枪，我们通常将发令枪的弹药爆破声作为比赛开始的信号。选手与发令员的距离不同，听到枪声的时间也会不一样。会有多大的差别呢？我们就算算看。

1 m 以内，声音传递的时间为 1 m ÷ 340 m/s ≈ 0.00294 s。

10 m 的话，声音传递的时间为 10 m ÷ 340 m/s ≈ 0.0294 s。

两者之差为 0.0294 s – 0.00294 s ≈ 0.026 s。在以 0.01 s 为单位的较量中，声音传播速度出现如此大的差值，比赛会变得很不公平。

因此，实际比赛时，会在每条跑道的选手身后放一个喇叭，发令员鸣枪的同时喇叭也会响起。

即便如此，很多选手还是会等到发令员的枪声响过才活动身体。

于是，现在发令枪（形状虽为传统手枪，但其实只是个开关）并不会发出声音。发出声音的是选手身后的喇叭。

声音的速度

人耳听到的声音几乎都是通过空气传播的。在没有空气的真空状态下光仍然可以传递，但声音不行。因此，没有空气的太空是一个无声的世界。

当气温为 20 ℃ 时，声音在空气中传播的速度约为 340 m/s（大约为 1200 km/h）。在温热的空气中，声音传播得稍快一些；而冷空气里声音传播的速度会微微降低。超音速飞机的飞行速度比声音在空气中传播的速度还要快。

声音在固体、液体中也可以传播。声音在水中的传播速度是在空气中的传播速度的 4 倍，在钢铁中的传播速度是在空气中的传递速度的 15 倍。

光在真空中的传播速度为 299,792,458 m/s（$\approx 3 \times 10^8$ m/s）。现在，1 m 的长度便是由光速定义而来的[1]。

---

[1]　1983 年 10 月，第十七届国际计量大会通过了米的新定义：米是光在真空中于 1/299,792,458 s 的时间内所经过的路程的长度。（译者注）

与声音的传播速度比起来，光的传播速度要快很多。因此，雷雨天气我们先看到闪电，后听到雷声。打雷或者放烟花的时候，忽略光传递的时间，仅通过声音的传播速度，我们就可以计算出雷或烟花与我们之间的距离。

　　例如，假设我们看到闪电后过了 15 s 听到雷声，那么可以计算出：

　　距离=速度×时间= 340 m/s×15 s = 5100 m

　　也就是说，雷电发生在距离我们 5.1 km 的地方。

年轻人听到的声音

Q 人能听到的声音频率范围是 20～20,000 Hz（赫兹，每秒钟的周期性振动次数），具体频率因人而异。

随着年龄变化，能听到的声音范围也不一样。婴儿与二十多岁的年轻人，谁的听力更好？

1. 婴儿
2. 年轻人
3. 没太大差别

声音的频率

答案是 1。我们身边有能发出各种声音的乐器，乐器都是通过"振动"发声的。我们敲击大鼓，鼓皮振动；弹奏吉他和小提琴，琴弦振动。乐器能产生不同形式的振动。

振动的物体在 1 s 内完成周期性往返的次数称为"频率"。一次往返的时间为 1 s 时的频率为 1 Hz。

振动一次次传递的现象称为"波"或者"波动"。

当物体的振动频率在 20～20,000 Hz，也就是 1 s 之内周期性振动 20～20,000 次时，人耳就能听到声音。

如果振动频率低于或者高于 20～20,000 Hz 这个范围，无论声音多大我们都听不到。

发出声音的物体摇晃或者摆动都称为振动。振动通过空气传播，以声音的形式被我们的听觉感知。

倘若置身太空，即使敲击大鼓，由于没有空气，声波也没办法传播。可以传递声音的物质并不仅限于空气，细线、水、铁之类的物体都可以传递振动。

到了三十多岁就听不到的声音

蚊子的翅膀 1 s 之内可以振动 500 次。蚊子接近的时候，我们能听到声音，这是因为蚊子翅膀的振动频率在我们听觉感知范围之内，而蜜蜂 1 s 之内大约可以振翅 200 次，所以发出的声音频率大概在 200 Hz。音调越高，频率越大。蚊子可以发出音调更高的声音。

尽管人可以听到的声音的频率为 20～20,000 Hz，但每个人听到的频率范围会存在个体差异。年龄不同，听到的范围也会有所差别。

狗和猫的听力更加敏锐。狗能分辨 40,000 Hz 的高音，猫可以分辨出 100,000 Hz 的高音。

随着年龄的增长，人的听力会逐渐衰退，越来越难听到音调高的声音。有一种名为"蚊子铃声"的扬声器可以发出 17,000 Hz 的高频声音，非常刺耳，这种声音只有年轻人可以听到，所以很多商场或店铺等用"蚊子铃声"来驱赶逗留在附近的年轻人。

据说，到了 30 岁以后，人就无法听到 17,000 Hz 的声音。因此，校园里出现了这样一种现象，很多学生为了不让老师听到手机的声音，故意将手机铃声设置为"蚊子铃声"。

超声波

频率高于 20,000 Hz、人耳无法听到的声波叫作超声波。超声波应用于很多场景。例如，利用超声波机器在水中释放超声波，能够用来测算海的深度、发现鱼群等，还可以看到母亲体内的婴儿。人耳听不到超声波，但狗和蝙蝠等动物可以听到一部分它们听力范围内的超声波。

神奇的红酒杯碎裂法

Q 声音可以让红酒杯碎裂吗?

1. 有时可以

2. 不可以

共鸣

答案是 1。如果在网上搜索"用声音打碎红酒杯",相信你会发现很多视频或图片资料。敲击红酒杯会发出特定音高的声音。一个酒杯一般可以发出几种音阶。酒杯发出的声音的频率就是它的固有频率。用手弹酒杯所发出的声音大多是由共振、共鸣产生的。

所以,只要用最容易让杯子变形的声音——与杯子发出频率相同的声音加以刺激,红酒杯便会在共鸣、共振的作用下激烈振动甚至破碎。尽管音高难以控制,仅靠声音弄碎杯子会比较困难,但是只要条件满足,杯子就能在短时间内被打碎。

弦乐器的共鸣箱

吉他等弦乐器中间都有一个空空的箱子,这个箱子叫作共鸣箱。当弦发出的声音与箱子的振动固有频率相符时,乐器就能发出很大的声音。这就是我们常说的共鸣现象,共鸣箱便是为了利用共鸣原理而设计的。箱体可以使与其固有频率相同的声音获得增幅扩大效果。

在振动物体外部增加与物体固有频率相符的声波,物体的振动幅度会大大增加。

唱歌的红酒杯

用蘸水的手指擦拭红酒杯的边缘，红酒杯会发出声音。

敲击红酒杯能产生一定音高的声音。一个红酒杯能够发出几个音阶，而且声音的频率就是杯子的固有频率。用手指摩擦酒杯边缘，杯子可以吸收和它固有频率相同的振动能量，发出更大的声响。

准备一个很薄的玻璃杯，用温水和清洁剂清洗干净手和杯子，保证不留污渍，最后倒入开水再控干水分。

再向杯子里倒入水，用蘸水的手指擦拭杯子边缘，水面会产生波动。改变水量继续擦拭，会发现音高出现了变化。

当我们用手上下交替擦拭玻璃杯边缘时，玻璃杯发生振动。尽管振动幅度很小，我们肉眼看不出来，但是可以通过水面的波动加以观察。杯子振动，产生声音。

水量越多，声音越低。同一材质时，物体越重，声音越低。这就说明，重的物体频率更低。

把贝壳放在耳边

你是否听过"把贝壳放在耳边就能听到'大海的声音'"？如果有贝壳的话，可以把贝壳放在耳边，没有贝壳可以用杯子或者各种大小的盒子代替。到底能听到什么样的声音呢？

事实上，这个现象也与声音的共鸣有关。我们身边混合了各种音高的声音，当把贝壳放在耳边的时候，贝壳过滤出了与贝壳固有频率相同的声音并将其放大，使得我们能够听到。材质相同的条件下，物体越重，固有频率越小，所以大一点的贝壳能放大低音，小贝壳能放大高音。

Puzzle 3
温度和热

冰的融化方式与热传递

Q 25 ℃ 的房间里有两个冰块，一个裸露于空气中，另一个用棉花包好。哪一个冰块融化得更早？

1. 裸露的冰块

2. 用棉花包好的冰块

3. 两个一样

用棉花包裹的冰

冰

热传递

答案是 1。高温物体与低温物体接触时，热量从高温物体传递到低温物体，这个现象被称为热传递。

25 ℃下，裸露的冰块逐渐融化。这是由于周围的空气对冰块进行了热传递，在对流作用下，比冰块温度高的空气不断与冰块接触，将热量传递给冰块。

而用棉花包裹的冰块，由于棉花有隔热作用，其融化速度比裸露的冰块要慢。棉花里有很多空气。静止的空气不会产生对流作用，因此较难传递热量。

当我们处在寒冷的环境中，穿棉服比裸着更温暖。因为裸着的话，周围对流的空气会不断发生热传递，而且人体本身的热辐射也会让身体更冷。如果用棉花将身体裹起来，体温就不容易因对流或辐射下降。所以棉花会给人一种很暖和的印象，其实是因为棉花不容易传递热量。

长时间保温的保温瓶

为了不让冰块融化，还有比在外面裹棉花更好的办法，那就是使用保温瓶。保温瓶为双层构造，中间是真空状态。真空状态下，既不会发生热传递，也不会发生对流。只剩下热辐射有可能散热，不过不锈钢内壁可以很好地防止热辐射，避免热量逃逸。

保温瓶可以让冷的东西冷得更长久，温热的东西长期保持温热。

◆ 保温瓶

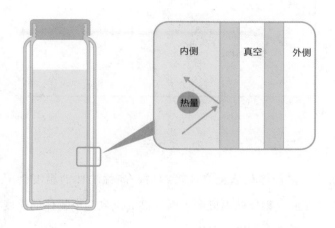

内侧　真空　外侧

热量

温度与热量

生活中我们常说"测体温发现比平时热"，这在物理上其实是一种错误的说法。正确的说法应该是"测体温发现比平时高"。

温度和热量是两个很容易混淆的词。

◆ 热平衡

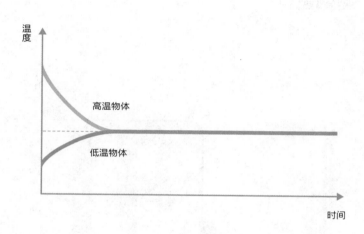

高温物体和低温物体接触后，高温物体的温度会降低，而低温物体的温度会不断升高。直到两个物体的温度相同，温度才会停止变化。

那么，究竟是什么东西从高温物体转移到了低温物体呢？答案就是热量。

当温度相同时，热量的移动就会停止。这时候，我们会说两个物体达到了"热平衡状态"。

热量的移动一定是从高温物体到低温物体的单向过程。

日本秋田县男鹿地区有一种乡土料理叫作"石烧锅"。这种料理使用秋田杉制成的桶锅，在锅里加汤，然后再把烧得滚烫的石头放入汤里直至沸腾。只要在水里加几个滚烫的石块，水就能很快沸腾起来。

日常生活中用煤气灶做饭，也是利用火焰与锅的热传递作用，用火焰的温度给锅加热。煤气灶的火焰跟高温石块的作用相同。

微观角度下的热传递

我们从分子运动的角度来观察一下高温物体与低温物体接触发生热传递时的微观世界吧。

高温物体是分子运动激烈的分子集合体，低温物体是分子运动不活跃的分子集合体。当它们毗邻相接的时候，高温物体的分子与低温物体的分子发生碰撞，使高温物体的分子动能传递给低温物体的分子。

◆ 从微观角度观察热传递

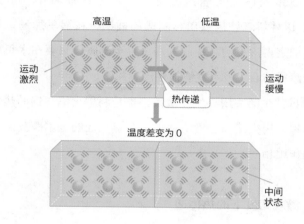

这个过程与静止的玩具弹珠被滚动的玩具弹珠打中后会弹开一样。之前运动不活跃的分子被弹开后运动起来，物体温度上升。而之前运动激烈的分子由于损失掉了部分动能，运动逐渐减弱，使物体的温度下降。从宏观角度来看，热量从温度高的物体传递到了温度低的物体。

比较铁板与泡沫板的温度

Q 在 25 ℃ 的房间里长时间放置的铁板和泡沫板，温度是否相同？如果用手触摸的话，哪边的温度更高？

1. 温度相同，手感受到的温度也相同
2. 温度相同，手感受到的铁板温度更高
3. 温度相同，手感受到的泡沫板温度更高
4. 铁板的温度更高，手感受到的铁板温度更高
5. 泡沫板的温度更高，手感受到的泡沫板温度更高

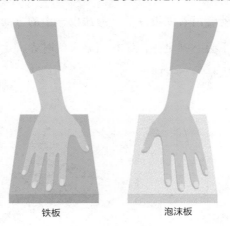

铁板　　　　　　泡沫板

热传递的快慢

答案是 3。长期放置的两块板子处于热平衡状态，所以温度都是相同的。不用手接触，用红外温度计测量后也能看出它们温度相同。

一般室温比人的体温低。所以，温度较高的手掌接触到温度较低的铁板时会发生热传递。通常金属比其他物体更容易导热。因此，人手会有更多的热量传递到金属，手的温度大幅降低。

而泡沫板由于内部有很多不容易传递热量的气泡，所以不容易导热。因此，与铁板相比，泡沫板不容易吸收热量，手的温度不会出现明显下降。

假设房间的温度是 50 ℃，当手接触到两块板子的时候，热量就会沿着铁板→手、泡沫板→手的方向移动，接触铁板的手会感到更热。这和高温天气时赤脚走在沙滩上会觉得烫脚是一个道理。

花粉与爱因斯坦

Q 1827 年，英国植物学家罗伯特·布朗发现了布朗运动。1905 年，爱因斯坦用理论对其做了进一步的说明。这个理论不仅让人们了解了分子的热运动，同时也为分子的存在提供了决定性的证据。在此之前，原子与分子的存在不过是假设，是否真实存在尚有争议。

布朗在显微镜下观察什么物体时发现了布朗运动？

1. 浮在水面上的花粉

2. 浮在水面上的花粉释放出的微粒

3. 空气中的烟尘粒子

4. 空气中的花粉

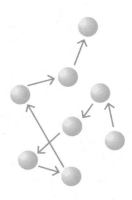

布朗运动与微粒

答案是 2。我们在 200 倍左右的显微镜下可以观察到，直径 1 μm（微米，1/1000 mm）左右的微粒浮在水面或其他介质上时，会发生细微的不规则运动，这种运动叫作布朗运动。

1827 年，罗伯特·布朗发现了微粒的不规则运动，并将这一发现发表在《关于植物花粉中的微粒》的论文当中。布朗一开始观察到花粉中的微粒运动时，认为这一现象可能是由生命活动造成的，后来他发现所有微粒都可以观察到同样的运动，因此否定了生命活动一说。

花粉的直径大小为 30～100 μm，太大的粒子无法观察到布朗运动。花粉浸入水中，破裂后释放出的微粒会产生布朗运动。

对流与火焰的性状

Q 点燃失重状态下的蜡烛，烛芯的火焰是什么形状的?

1. 从地面上看是竖长的火焰

2. 半球形火焰

3. 只有烛芯上方有亮光，无法形成火焰

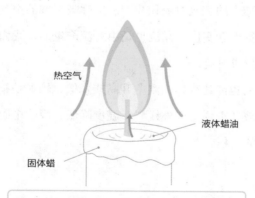

热空气

液体蜡油

固体蜡

在空气中，固体蜡变成液体，熔化的蜡烛油因毛细现象在上升至烛芯，变成气体并燃烧。这时，热空气上升，冷空气下降，形成对流。

失重状态下无法形成对流

答案是 2。失重状态下，即使周围有空气，也不会出现轻空气上升、重空气下降的对流运动。

空气的对流不断为人们提供新的氧气，失重状态下不会形成对流，所以只能通过周围空气分子的扩散来实现氧气的供给。

扩散供氧与对流比起来氧气量要少很多，所以火焰呈现淡蓝色。空气在对流状态下燃烧的火焰是竖长的，尽管气体在燃烧时也能产生火焰，但失重状态下的火焰不会纵向拉长，我们可以在烛芯周围看到整齐的半球形火焰。

地球上的空气对流让我们总能呼吸新鲜的空气，而且还会产生天气变化。洋流也是由对流产生的，我们在烹饪时也会形成对流。

辐射也能让物体的温度升高或降低。辐射是指物体释放电磁波（主要是红外线）后温度降低、吸收电磁波后温度升高的过程。

硬币孔、果酱盖与热膨胀

Q 5 日元的硬币中间有孔，把硬币加热使其温度升高，硬币整体会发生膨胀。那么，孔的大小会如何变化？

1. 变大
2. 变小
3. 不变

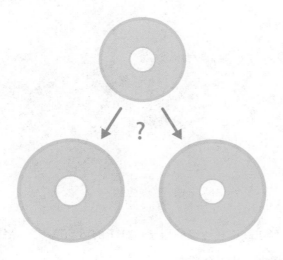

*稍微夸张地画出了整体的膨胀。

孔边缘的原子运动空间

答案是 1。金属丝加热后会膨胀变长，所以把金属丝拧成圆圈状，温度升高后，圆圈也会变大。

热膨胀是温度变化导致分子或原子激烈运动的现象。分子运动变得激烈，分子间距（分子的运动范围）变大，物体便会膨胀。无论固体、液体，还是气体，都会发生热膨胀。

◆ 从原子的角度看热膨胀

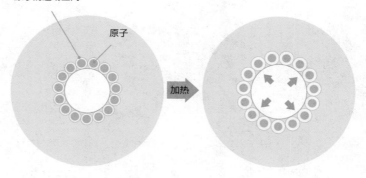

原子的运动空间

原子

加热

排列在硬币孔边缘的原子、分子的运动范围随着温度升高而增大，孔也会变大。

果酱瓶的盖子很难打开时，加热盖子就能轻松取下。这一原理与加热 5 日元硬币的原理相同。

加热后，金属盖子比玻璃更容易膨胀，盖子由内部向外膨胀，因此变得很松。

◆ **物质的状态变化与熔点、沸点**

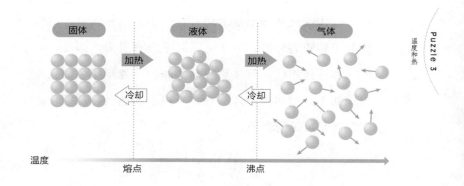

铁轨的膨胀

铁轨的轨缝也与膨胀有关。金属温度升高后膨胀，体积增大。如果铁轨没有轨缝，在炎热的夏天，铁轨就会膨胀变长，导致铁轨弯曲。留有轨缝，并且让轨缝保持一定距离的话，铁轨即使受热膨胀也不会弯曲。列车前进的时候，我们会听到"咣当咣当"的声音，其实就是列车经过铁轨轨缝时产生的声响。

最近，为了避免产生"咣当咣当"的声音，铁路开始使用轨缝倾斜的铁轨，而且铁轨长度也有所加长，长达1～2 km。

气体的膨胀率较大

固体或液体分子在运动过程中不断互相吸引，而气体分子则较为分散，分子之间几乎没有引力。因此，与固体和液体相比，气体更容易膨胀。三者膨胀率的大小对比如下：固体＜液体＜气体。用手加热气体就能使之产生肉眼可见的膨胀。

管底的脱脂棉会如何变化

Q 将结实透明的管子一端封闭，在底部放入少量的干燥脱脂棉，迅速挤压活塞。脱脂棉会发生什么变化呢？

1. 缩小
2. 燃烧
3. 不变

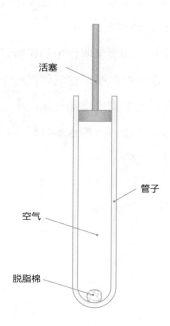

活塞

管子

空气

脱脂棉

绝热压缩使温度升高

答案是 2。这个题目涉及绝热压缩现象。绝热是指不与外部发生热交换。压缩气体，气体的温度就会升高。用手压缩活塞，管中气体温度升高，甚至足以点燃脱脂棉。

汽油发动机可以用火花塞的火花点燃汽油与空气的混合气体，而柴油发动机没有用来点火的火花塞。柴油发动机的工作原理是气缸内的空气快速压缩，温度升高，从而引燃喷射进去的燃油。

绝热压缩为了压缩做功，其能量无法释放到外部，所以自身的气体温度会升高。

与绝热压缩相反的现象叫作绝热膨胀。当无法与外界进行热交换时，让气体膨胀可使气体温度下降。地面附近温暖的空气上升，随着高度增加气压减小，所以空气会膨胀，造成内部温度降低，内部水蒸气便凝结成云。夏季的积雨云就是这样产生的。

退热贴的原理

Q 发烧的时候会在额头上贴退热贴（退热凝胶）。通过这种方法为什么能让体温降下来？

1. 退热凝胶本身的温度低

2. 退热凝胶会让水蒸发

3. 退热凝胶内部的固体溶解

利用汽化热降温

答案是 2。发烧的时候经常会在额头上贴的退热凝胶，其主要成分是水和增稠剂。增稠剂都是亲水性高分子化合物，能吸收自重 10 倍以上的水分，是纸尿裤等产品经常使用的一种成分。

退热凝胶贴在额头上，起初会有凉凉的舒适感。这是因为退热凝胶里的水分在体温的作用下蒸发，以汽化热（蒸发热）的形式带走热量，产生了冷却效果。凉爽的早晨给道路洒水后，中午会觉得凉快，其实也是同样的原理。

汽化热是液体变成气体时从周围吸收的热量。液体蒸发需要热量，所以会从接触的物质中夺走热量。因此，人体湿润的时候，体表的水滴会夺走体温用于蒸发，导致身体变冷。

液体内部的分子中，离表面近的分子会挣脱分子间的引力逃逸出来。逃逸的分子带有很多动能，所以液体中残留的分子的平均动能会减小，导致液体温度降低。

因此，退热凝胶需要让水分蒸发到外面。如果将其放在衣服里或夹在腋下，水分就很难蒸发了。

此外，退热凝胶长时间放置后会变得干燥，这是由于退热凝胶里面的水分完全蒸发掉了，而退热凝胶也就失效了。

保暖内衣 HEATTECH 的原理

反之，当气体变成液体的时候，会对周围放热。例如，冰箱利用的就是汽化热。冰箱的冷凝器可以让制冷剂（容易在液态和气态间互相转化的媒介物质）由液体转化为气体，此过程会带走周围的热量达到制冷效果。接下来，变成气体的制冷剂在压缩机压强的作用下转化为液体。此时液体的温度虽然会升高，但是热量会被搬运到冰箱外。制冷剂在冷凝器、压缩机、蒸发器之间循环，以此保持冰箱长时间的低温状态。

HEATTECH 使用吸湿发热纤维，通过吸收人体皮肤蒸发的水蒸气达到发热效果。水蒸气变成液体时，就会对周围释放热量（凝结热）。

0℃的水与0℃的冰，哪个冷却效果更好

考虑一个和冷却相关的问题，在橡胶制的水枕里分别加入0℃冰凉的水和0℃的冰，哪种冷却效果更好？同样

Puzzle 3
温度和热

077

是 0℃，冰需要吸收更多热量，可以将冷却时间维持得更长一点。0℃的水在冷却物体的同时，温度会不断上升；而 0℃的冰在冷却物体的时候，会先将热量用于融化冰块，直至冰块全部融化，温度还能一直维持在 0℃，等到冰块变成 0℃的水之后温度才会上升。

可见，0℃的冰的冷却效果更好，因为从 0℃的冰变成 0℃的水的这个过程需要吸收熔解热。0℃的冰可以从周围吸收好几倍的热量。

Puzzle 4

力与运动

用长吸管喝果汁

Q 将一个装有果汁的杯子放在地上，将长约 5 m 的吸管插入杯子中，那么从 2 层的阳台（嘴巴离地面的高度大约是 4.5 m）能否用吸管喝到饮料？

1. 可以
2. 不可以

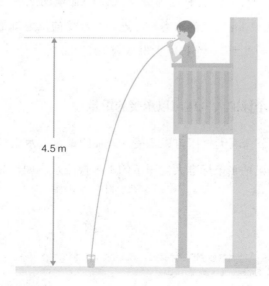

4.5 m

气压[1]的大小

答案是 1。气压是指垂直作用在单位面积（1 m²）上的大气压力。气压的单位是帕斯卡（符号是 Pa）。1 Pa = 1 N/m²。气压 = 垂直压力 ÷ 面积。

我们生活在地球表面。我们上方是厚度超过 1000 km 的大气层。意大利物理学家埃万杰利斯塔·托里拆利（1608—1647）曾经说过"人类住在大气海洋的底部"，这句话的意思就是我们生活在大气层的底部。

空气也有质量。气温在 20 ℃ 时，地表附近 1 L 空气的质量大约为 1.2 g。由于这部分空气在我们上方，所以可以认为我们背负着这部分空气。1 cm² 地面上的空气约重 10 N（1 kg 空气的重力）。地表要承受的压力就是这部分空气的重力。1 个标准大气压为 101, 325 Pa[2]。

1 个标准大气压可以承受的重量

1 个标准大气压可以承受 76 cm 的重金属水银柱。那么，如果把 1 个标准大气压下的水银换成水会如何呢？水

---

[1] 气压："大气压强"的简称。（编者注，下同）
[2] 1 个标准大气压就是 1atm。

银的密度是水的 13.6 倍，通过计算可以得出大约能够支撑 76 cm 的 13.6 倍，即大约 10 m 高的水柱。

如果口腔内部是真空环境，站在阳台上的人就能够吸到 10 m 内的果汁。

由于我们无法将口腔内部完全变成真空状态，所以直接进行了从 2 楼阳台喝果汁的挑战。

结果是喝到了！但是这样会使口腔中的气压低于 0.5 个标准大气压，如果太用力的话，稍有不慎，舌头的毛细血管便会破裂出血。

1 个标准大气压可以支撑 10 m 的水柱吗

我做了很多次实验。我带着一根长 10 m 以上（例如 10.5 m），装满水的塑料软管穿过楼梯的缝隙，慢慢走上楼梯。我将软管的一端敞开，放入装有水的水桶里；另一端用橡皮塞塞住，并用铁丝系紧，使其完全封闭，然后手拿封闭的那一端上楼。

上到 1 层、2 层和 3 层的时候，塑料软管一直是充满水的状态。但是当上到 4 层楼，高度非常接近 10 m 的时候，塑料软管里的水就发生了变化。

软管中间产生了空隙，并且变扁了，而且水无法达到更高的高度。

　　这时，仔细观察就会发现，水面上产生了很小的气泡。这是因为软管上面几乎是真空，下面溶解了一些空气。下方水面的气压为 1 个标准大气压，上方的空隙不是完全真空状态，有水蒸气与少量空气，气压非常低。也就是说，1 个标准大气压可以撑起的水柱大约为 10 m。

用气压将铁桶压扁

Q 在蜡桶、石油桶等容器中放入少量的水并将其加热，待水沸腾产生水蒸气，过一段时间关火、塞好橡皮塞，不久便能听到声响，而且桶被压扁了。

如果再次加热塞好橡皮塞的罐子，会发生什么现象呢？

1. 桶只会整体变热，没有其他变化

2. 桶伴随着声响膨胀，逐渐恢复成原来的形状，但不会完全复原

橡皮塞

桶被压扁和复原

答案是 2。我试过很多次，用大气压将铁桶或日式一斗罐[1]等压扁。一斗罐被挤扁之后，再次加热还可以复原。当然，复原的时候要马上关火。

桶被压扁以前，周围大量的氮气分子和氧气分子剧烈碰撞。这时，桶内也有大量的氮气分子和氧气分子在彼此碰撞对抗，所以桶不会被挤扁。当桶内的水沸腾，空气被水蒸气赶出去时，水分子取代了氮、氧分子的位置，水分子之间发生碰撞，保证了桶不会变形。

塞好橡皮塞，静置一段时间，桶内的水蒸气遇冷变为液体，内部彼此对抗的分子减少。也就是说，桶四周的气压不变，但内部的压力减小，导致桶变形。

变形的桶被再次加热之所以能够膨胀并逐渐复原，是因为内部大量的水分子与桶壁发生了激烈的碰撞。

---

[1] 一斗罐：容量为 1 斗（约 18 L）的方形金属桶装容器。（译者注）

高压锅的秘密

Q 高压锅可以在短时间内做好不容易熟或不容易被炖烂的东西。那么,高压锅能在短时间内做熟食物的主要原因是什么?

1. 在食材四周施加很大的压力,让水更容易渗透

2. 在食材四周施加很大的压力,将食材的细胞变小,使其更容易受热

3. 提高水的沸点,用高于 100 ℃ 的水制作食材

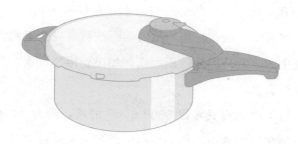

力与运动 Puzzle 4

水的沸点会随压力而变化

答案是 3。水在 1 个标准大气压下的沸点是 100 ℃。液体沸腾时，液体内部发生蒸发现象并开始冒泡。在沸腾过程中，施加的热量可以让水分子之间的距离增大，因此液体的温度无法继续升高。

气压越低，水的沸点越低；气压越高，水的沸点越高。所有液体的沸点都会随着周围气压的变化而变化。

装有点心的密封袋在高山之巅会鼓起来。在山脚下，由于袋子外的气压与内部的气压相平衡，所以袋子处于正常的状态。而在高山之巅，袋子中的气压不变，但外部的气压降低了，所以袋子就会鼓起来。

随着海拔升高、气压降低，水的沸点也会降低。如果从富士山山脚起测量水的沸点，海拔 1000 m 处约为 97 ℃，2000 m 处约为 94 ℃，3000 m 处约为 92 ℃；到达山顶 3776 m 处时，水的沸点只有 88 ℃ 左右。

在富士山山顶，用一般的锅无法将米完全煮熟，米是夹生的，就是因为气压太低。如果使用高压锅，便能把米饭煮熟。

拉达克的列城海拔 3500 m，水的沸点约为 91 ℃。在当地居民的家中，他们厨房的墙壁上总会挂着几口高压锅。

◆ 富士山的海拔、气压以及水的沸点

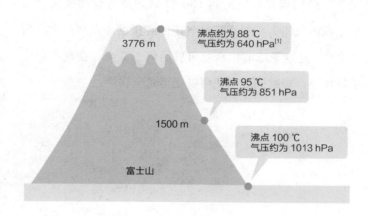

沸点约为 88 ℃
气压约为 640 hPa[1]

3776 m

沸点 95 ℃
气压约为 851 hPa

1500 m

沸点 100 ℃
气压约为 1013 hPa

富士山

高压锅的原理

高压锅和普通锅的不同之处在于，高压锅能够很好地调节气体（水蒸气等）的进出。

---

[1]　hPa 就是百帕。1 hPa=100 Pa。

密闭加热时，高压锅内的水蒸气无法逃逸，锅内的气压就会越来越高。如果达到设定的气压，水蒸气会将浮子顶上去，然后跑到锅外，保证锅内气压不会继续升高。

高压锅的气压各不相同，一般而言，日本高压锅的气压基本为 1.5～2.5 个标准大气压。

一般的锅在水温达到 100 ℃ 时才能将食物煮烂。如果用锅内气压为 1.8 个标准气压的高压锅，水沸点大约为 120 ℃。这就意味着，水温可以达到 120 ℃。食材在高压的环境下，短时间之内便可以变得完全软烂。

深海鱼与鱼鳔

Q 一般生活在水深 200 m 以上海域中的鱼叫作深海鱼[1]。中层带（水深 200~1000 m）深海鱼的鱼鳔通常会退化，许多半深海带（水深 1000~4000 m）鱼类没有鱼鳔。鱼鳔是鱼体内用于辅助身体上浮和下沉的气囊。深海的水压大，鱼鳔容易破裂，因此深海鱼没有鱼鳔。

但是具有在深海与浅海之间来回觅食习性的深海（生活在水深 200 m 左右的）鱼一般都有鱼鳔。如果把这些鱼迅速钓上岸，会发生什么现象呢？

1. 鱼鳔很结实，鱼不会发生变化

2. 鱼鳔膨胀，导致鱼肚破裂

3. 鱼鳔膨胀，从鱼嘴里飞出

---

[1] 然而许多物种在成长过程中会改变其栖息地深度，或每天进行大幅垂直迁移以寻找食物，因此"深海鱼"一词没有明确的定义。（编者注）

深海鱼承受的水压

答案是 3。生活在水深 200 m 左右，到浅海觅食的深海鱼的身体需要承受大约 2,100,000 Pa 的巨大水压（压强）。因此，为了保证身体不被压碎，深海鱼的体内也会向外施加压力。那么试试把深海鱼迅速钓出海面。

这时候，深海鱼由同时承受海水压力和大气压力变成只受大气压力，其承受的外部压强骤减到 100,000 Pa 左右，而体内的压强无法迅速调节。如果按照海水的压强为 2,100,000 Pa 来计算，鱼的体内和体外就存在 2,000,000 Pa 的压强差。

于是，鱼鳔会膨胀，从鱼嘴里飞出来。不仅如此，眼睛也会飞出来。第一次见到这种情景的人，很可能会被鱼的样子吓得尖叫。

大海里水深每增加 1 m，水压便会增加 9800 Pa。夸张一点地说，大海的水深每增加 1 m，水压就差不多会增加 10,000 Pa。除了水压之外，气压也需要计算在内，因为水面上的大气也会产生压强。

帕斯卡定律与工具

Q 在无色透明的玻璃瓶中加入水，保留少量的空气，剪下塑料袋的一小块并覆盖瓶口，再用橡皮筋紧紧绑住。将瓶子平放，使里面的气泡处于瓶子的中间。

按压瓶口，气泡的形状和位置会发生什么变化呢？

1. 气泡变小，但位置不变

2. 气泡变小，向右移动

3. 气泡形状不变，向右移动

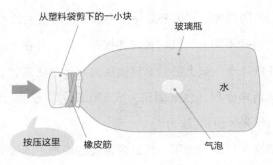

从塑料袋剪下的一小块　　玻璃瓶

水

按压这里　橡皮筋　　气泡

※俯视图

帕斯卡定律

答案是 1。处于封闭环境的不可压缩静止流体，任何一点受外力产生压强增值后，此压强增值会瞬间传至静止流体各点。这就是帕斯卡定律。

按压瓶口产生的压强会使玻璃瓶各处的压强都增加，因此气泡在周围压强的作用下会变小。

帕斯卡定律适用于液体和气体。液体分子和气体分子朝四面八方运动，无论以什么方式和角度接触，分子之间都会互相施加压力。当你给橡胶气球吹气时，整个气球都会膨胀，其中的原理其实就是帕斯卡定律，即嘴施加的压力传递到了整个气球。

我们身边的很多工具都利用了帕斯卡定律，这些工具大多利用的是油压，例如油压千斤顶、汽车制动系统、油压泵、油动机等，它们都能使很小的力带动很大的力。

将直径不同的气缸用管道连接在一起，并在其中注满油，并向每个气缸上的活塞施加压力，每个活塞就会产生一个和活塞面积（气缸面积）成正比的力。压强=压力÷面积，压强×面积=压力。

活塞向气缸内加压，气缸内各处都增加了同等大小的压强。这部分压强增加到另一个气缸，使得另一个活塞也受到与其面积成正比的力（压强×面积）。也就是说，对面积小的活塞施加的一个很小的力，为面积较大的活塞带来了一个很大的力。

当大气缸的面积是小气缸面积的 4 倍时，小气缸受到的压力就能增加到原来的 4 倍，推动面积大的气缸。

◆ 油压千斤顶的原理

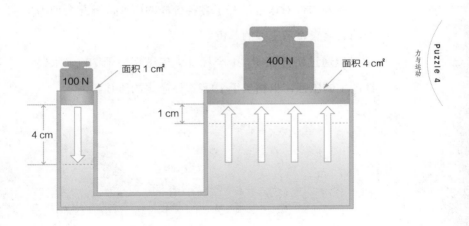

科学家帕斯卡

压强的单位"帕斯卡"（Pa）是以法国哲学家、数学家、物理学家帕斯卡的名字来命名的。

帕斯卡出生于 1623 年，1662 年去世时年仅 39 岁。帕斯卡从小就显露出天才的特质，12 岁时就独立发现"三角形的内角和等于 180°"。

他发明的机械计算机堪称现代计算机的"祖先"。

帕斯卡有一句名言是："人只不过是一根芦苇，是自然界最脆弱的东西，但他是一根能思考的芦苇。"他认为，人类微不足道，而且很脆弱，但是人类的思考能力比自然界的一切都值得尊敬。

帕斯卡针对压强展开了各种各样的研究，因此人们用他的名字来表示压强的单位。

他通过研究证明，1 个标准大气压相当于 76 cm 水银柱产生的压强，也相当于 10 m 水柱产生的压强。

螺旋弹簧与绳子的作用力

Q 将弹簧固定在天花板上，砝码吊在弹簧下，直至弹簧伸长、处于静止状态。图示 F_1 为绳子 A 对弹簧的拉力，F_2 为弹簧对绳子 A 的拉力，F_3 为弹簧对绳子 B 的拉力，F_4 为绳子 B 对弹簧的拉力。假设弹簧与绳子的质量可以忽略不计。

F_1、F_2、F_3、F_4 中，互为作用力与反作用力的两个力分别是哪个？

1. F_1 与 F_4

2. F_2 与 F_3

3. F_1 与 F_4、F_2 与 F_3

4. F_1 与 F_2、F_3 与 F_4

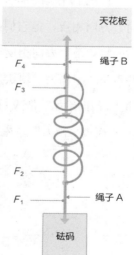

作用与反作用

答案是 4。作用与反作用是指两个物体之间的关系。图中的物体包括天花板、绳子 A 与绳子 B、弹簧、砝码，我们先抛开天花板和砝码，只考虑绳子 A 和弹簧、弹簧和绳子 B 之间的关系。

绳子 A 牵引着弹簧（力为 F_1），同时弹簧也在牵引着绳子 A（力为 F_2）。因此 F_1 与 F_2 是作用力与反作用力的关系。

弹簧牵引着绳子 B（力为 F_3），同时绳子 B 也牵引着弹簧（力为 F_4）。因此，F_3 和 F_4 也互为作用力与反作用力。

F_1 与 F_4 作用于同一个物体——弹簧，这两个力大小相同、方向相反，但它们是"平衡"关系。作用力与反作用力的特点是"方向相反、大小相等"，很多人容易通过这个特点将"平衡力"误认为是作用力与反作用力。"作用力"和"反作用力"是成对出现的力，分别作用于"两个物体"。而"平衡力"是在"同一物体"上施加的两个力。

磁铁悬浮影响称重吗

Q 用吸管（质量可忽略不计）把甜甜圈形状的磁铁（质量为 10 g）固定在秤台上，然后再往上放一个同样的磁铁，使其悬浮。

那么两个磁铁整体的质量称出来是多少？

1. 10 g
2. 10~20 g
3. 20 g

※ 假设质量10 g的物体的重力为0.1 N。

◆ 作用力

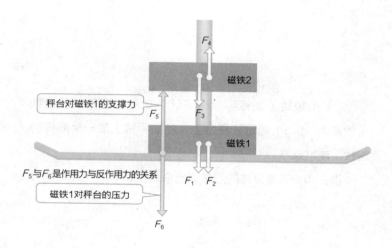

秤台对磁铁1的支撑力

F_5与F_6是作用力与反作用力的关系

磁铁1对秤台的压力

悬浮的磁铁的重力

答案是 3。我们把固定在秤台上的磁铁标记为磁铁 1，悬浮的磁铁标记为磁铁 2。

磁铁 1 所受的力包括自身向下的重力 F_1、磁铁 2 向下施加的磁力 F_2 以及平台对磁铁1的支撑力 F_5。

磁铁 2 所受的力包括自身向下的重力 F_3（0.1 N）、向上的磁力 F_4（磁铁 1 与磁铁 2 的排斥力）。

磁铁 2 处于悬浮且静止的状态，所以 F_3 与 F_4 为平衡力，大小相同，F_4 为 0.1 N。

此外，F_2 与 F_4 为作用力和反作用力，力的大小也相同，所以 F_2 也是 0.1 N。

磁铁 1 受到向下的 F_1+F_2（0.2 N），保持静止状态，所以秤台向上的支撑力 F_5 也是 0.2 N。而磁铁 1 对秤台的压力 F_6 与 F_5 互为作用力和反作用力，大小相同，所以 F_6 也是 0.2 N。由此可证，秤台显示的质量为 20 g。

作用与反作用的实例

我们走路的时候，脚会向后推地面，同时地面也会向前推我们，促使我们向前行走。汽车也是一样，车轮向后推道路，道路向前推车轮，使车轮向前驶去。

我们打架的时候，用手打别人的头，头受到的手的力和头施加给手的力是一样大的。所以，打人的一方也会感到疼痛。

同样，拳击手戴手套并不仅仅是为了减少给对方造成的伤害，还因为击打对方的时候，自己的手也会受力，所以戴手套可以对手部起到保护作用。

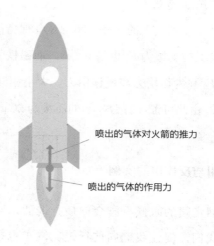

喷出的气体对火箭的推力

喷出的气体的作用力

　　再拿火箭来说，燃料和氧化剂发生反应，大量气体高速喷射出来，反向推动火箭前进。高温气体给火箭一个前进的推力，火箭施加给高温气体一个向后的作用力。火箭的推进与空气没有关系，无论是在空气中还是真空环境下，火箭都能发射。

水银里的砝码能否浮起来

Q 铁的密度约为 7.9 g/cm³ ，水银的密度约为 13.6 g/cm³ ，因此把铁块放入水银中，铁块可以很轻松地浮起来。

在培养皿中倒入水银，再将底部平滑的天平砝码（铁制）放入水银中，砝码能够浮起来。那么，先把砝码放入培养皿，再倒入水银，砝码会怎么样呢？

1. 一定条件下可以浮起来

2. 一直沉在底部（无法浮起）

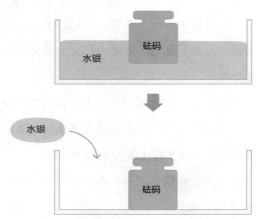

水银进入砝码底部

答案是 1。砝码底部与培养皿底部贴合之后，即使倒入水银，砝码也无法浮起来。这是因为由上而下倾倒的水银会给砝码一个向下的力，却不会给砝码从下而上的力。如果摇晃培养皿，让水银进入砝码底部的话，水银就可以向砝码施加向上的浮力。砝码底部的水银越深，浮力就越大；当浮力大于向下的力时，砝码就能浮上来。

我曾经尝试在水银里放游戏钢珠和日本中学女生用的铅球，它们都成功地浮了起来。

液体压强差产生的浮力

长方体木片沉到水里还可以浮上来，这是由于木片受到的浮力大于重力。当浮力和重力达到平衡的时候，木片就会静止。

如果水中的物体受到浮力，就表明物体上方和下方的水压（水的压强）存在压强差。水压与水的深度成正比，而且水的压强来自上下左右各个方向。

当受力面积一定时，水产生的压力的计算公式为：压力=水压×面积。

沉在水里的物体，受到来自物体上方水压带来的向下的力以及下方水压带来的向上的力。由于物体本身具有厚度，所以处于较深水位的下表面水压较大，物体便会产生向上的压力差。这个压力差就是所谓的浮力。

◆ 上下水压的压力差——浮力

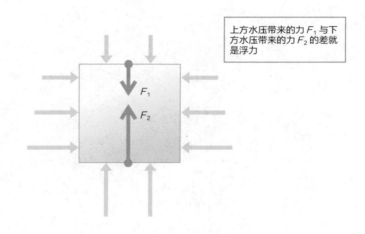

上方水压带来的力 F_1 与下方水压带来的力 F_2 的差就是浮力

那么当物体下表面与容器底部紧密也贴在一起时，又会发生什么呢？由于物体下表面与容器底部贴得很紧，所以不会出现因水压产生的从下向上的力，即使是密度比水小的物体也无法浮起来。

不过，水与水银不同，我们很难把物体下表面与容器底部之间的水排干净。正因如此，比水密度小的物体往往很难停留在容器底部而不浮上来。

　　把比水密度大、下表面平滑的物体放入盛有水的容器中，即使物体沉底，也很难排空容器底部与物体下表面之间的水。即使水很少，浮力也是存在的。

带着气球坐车

Q 汽车或地铁紧急启动的时候，乘客会向后倒。在车辆平稳行驶的过程中，乘客会在惯性的作用下，维持一定速度下的相对静止状态；而车辆加速向前移动时，则会脱离原来的速度。在这种情况下，不仅乘客会向后倒，车内的吊环也将朝着与前进方向相反的方向倾斜。

如果拿着用绳子系好的氦气球坐在车里，当车紧急启动的时候，气球会怎么样？

1. 向前进的方向移动

2. 向前进方向的反方向移动

3. 保持不动

紧急启动时的"惯性力"

答案是 1。气球在做匀速直线运动的车里受到向上的浮力与向下的重力，浮力-重力=绳子向下的拉力。"浮力"与"重力+拉力"处于平衡状态。

对于气球来说，上下空气的气压差所产生的力就是浮力。

紧急启动是一种加速运动，速度会不断增加。车辆紧急启动时，车内所有物体都能感觉到被车子向后牵引的"力"。具体来说，车加速的时候，车内的物体仿佛被"往后甩"一样，给人们一种车辆对车内的人和物体施加了作用力的感觉。这个"作用力"被称为"惯性力"。

惯性力的大小与各个物体的质量（和车的加速度）成正比，方向与车的行驶方向相反。

加速的物体受重力和惯性力的作用，现在我们就把这两个力的合力称为"表观重力"。

车辆急速启动的时候，车上的吊环向后倾斜，就是表观重力在起作用。但是，氢气球的运动方向与吊环截然相反。因为氢气球很轻，我们需要把气球周围空气的运动也考虑在内。

◆ 处于静止状态或做匀速直线运动时的地铁

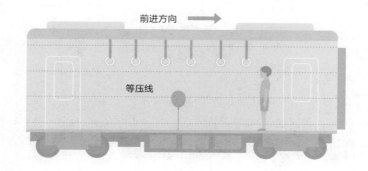

前进方向

等压线

假设在地铁里放一个装有一半水的水槽。地铁加速的时候，水面会发生倾斜，车辆前进方向的水面会降低。

地铁没开始加速的时候，空气的等压面是水平的。地铁开始加速时，等压线就会像右图所示一样发生倾斜。重力与惯性力的合力（表观重力）垂直于倾斜的等压面。此时，浮力也垂直于倾斜的等压面，而且浮力与表观重力+拉力处于平衡状态。

吊环、气球的表观重力方向都相同，但是它们的朝向却不相同。

◆ 加速运动的地铁

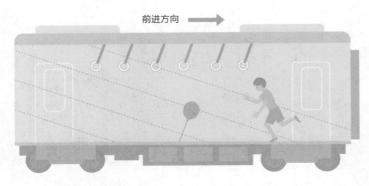

前进方向

吊环与气球的表观重力方向相同，但它们的朝向却不一样。

紧急启动的相反情形——紧急制动

交通工具紧急制动的时候，乘客会倒向前方。车子减速急停的时候，乘客仍然保持之前的匀速运动。如果我们坐汽车不系安全带，很可能会撞上方向盘或后视镜，情况严重的时候还可能冲出车外。在安全带普及之前，受害者发生交通事故后都会去做脸部缝合手术，几乎都是因为脸部猛烈撞到了后视镜或方向盘上。2014年日本国土交通省的数据显示，不系安全带的人的死亡率是系安全带的14倍。

用科学的方法辨别生鸡蛋和煮熟的鸡蛋

Q 生鸡蛋和煮熟的鸡蛋从外观上很难区分开来。但是当我们把它们放在桌子上旋转，就能很简单地分辨出来。

把生鸡蛋和煮熟的鸡蛋以同样的方式旋转，哪一个转得更快、更久？

1. 生鸡蛋

2. 煮熟的鸡蛋

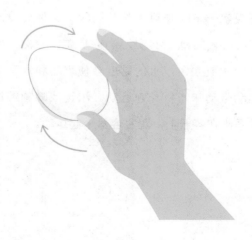

生鸡蛋很难转动

答案是 2。和煮熟的鸡蛋相比，生鸡蛋非常难转起来，因为生鸡蛋壳里是流体。静止的流体受到外力作用旋转时，惯性会使其维持静止状态。而且，流体还会抵抗蛋壳的运动。煮熟的鸡蛋比生鸡蛋转得快，而且转的时间更长。掌握了这个原理，就能判断鸡蛋是生的还是煮熟的。

如果用手指触碰旋转中的鸡蛋使其停下，再移开手指，会发现煮熟的鸡蛋能够完全停下来，但生鸡蛋仍会继续旋转多次。因为对于生鸡蛋来说，手指不过是使蛋壳的运动停下了，里面的蛋清和蛋黄仍在惯性作用下保持运动状态。

喝味噌汤或茶的时候，请轻轻转动摇晃碗或杯子，再观察一下味噌料或茶叶的状态。你会发现，味噌料或茶叶并没有动。其实，这也是惯性使然。但是，如果转动的次数太多，水的黏度会使容器和水互相摩擦，水的运动带动味噌料一起运动。浓汤或咖喱等浓稠的东西容易吸附在容器上，跟着容器一起运动。

走廊上的箱子与匀加速运动

Q 走廊的地板上放有一个箱子，用一个比摩擦力大的力拉箱子，拉动的过程中，箱子会发生什么样的运动？

1. 以相同的速度运动
2. 开始时会逐渐加快，但很快就变成匀速运动
3. 越来越快

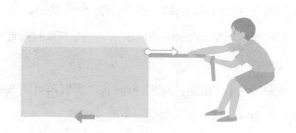

持续增加一定大小的力，物体开始做匀加速运动

答案是 3。物体不受任何外力作用时会保持匀速直线运动状态。

物体从静止状态（速度为 0）到开始运动是一个加速的过程。运动开始后，如果在运动方向上施力，物体的速度就会不断加快。

箱子在水平方向上受到两个力，绳子的拉力和地面的摩擦力。摩擦力不会根据速度产生变化。绳子的拉力和地面的摩擦力之间没有任何关系。

绳子的拉力超出摩擦力大小的那部分力会使箱子做匀加速运动。

力能改变物体的运动速度。

步枪子弹射出去的速度比手枪的更快，射程更远。子弹的速度虽然会因枪和子弹的不同产生差距，但手枪子弹的初速度一般为 250～400 m/s，步枪子弹的初速度为 800～1000 m/s。

这是因为步枪的枪管比手枪的长，所以可以更长时间地维持"力→加速、力→加速……"的过程。

高尔夫球与自由落体

Q 有两个大小相同的高尔夫球与乒乓球，质量分别为 50 g 和 2 g。

使高尔夫球和乒乓球同时从 1.5 m 高的地方落下，哪个更快落到地面？

1. 高尔夫球

2. 乒乓球

3. 几乎同时

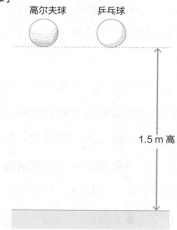

高尔夫球   乒乓球

1.5 m 高

物体的下落

答案是 3。两个小球哪个下落得快，从它们落地声音的先后就能判断出来。小球在下落过程中受到重力与空气阻力的作用，但由于小球的速度比较小，所以空气阻力可以忽略不计。

如果从更高一点的地方让两个小球下落，就能看出明显的差别，高尔夫球的下落速度更快。这时的空气阻力就无法忽略了。

纸或树叶下落的时候不停飘舞，很慢才能到达地面，就是因为它们受到的空气阻力很大。

我们再来做一个实验。准备一个吹好的橡胶气球和一本比气球大的书，把气球放在书上使其下落。下落过程中，书能为气球起到挡风的作用。最后我们会发现，书和气球同时落地。

当空气阻力可以忽略时，物体会同时落地。

接下来我们用物理实验的专业装置验证一下。把铁球和羽毛放在玻璃管里，将玻璃管倒过来，我们会看到铁球很快就落了下去，而羽毛则轻飘飘地缓缓落下。但是如果用真空泵把玻璃管中的空气抽出，再重复上述过程，就会看到铁球和羽毛同时落下来。

落体运动指的是在重力的作用下，速度不断增加的运动（加速运动）。不受空气阻力且开始速度（又叫"初速度"）为零的落体运动称为自由落体，又叫自由落体运动。

当空气阻力可以忽略不计时，速度与时间的关系是：速度=9.8×时间。也就是说，物体的加速度是 $9.8\,\mathrm{m/s}^2$。

速度=$9.8\,\mathrm{m/s}^2$×时间（单位：s），所以随着时间增加，速度会越来越快，每秒落下的距离是不同的。下落的时间（单位：s）与下落的距离（单位：m）的关系可以通过如下公式计算：下落距离=4.9×时间×时间。

自由落体过程中，10 s 内物体降落的高度为 490 m，最终速度大约是 350 km/h。

游乐园里的跳楼机

在游乐园的娱乐设施中，有一种接近自由落体的快速降落的设施——跳楼机。

很多游乐园的跳楼机都是让游客坐在座舱里，座舱会升到 11 层楼、大约 40 m 高的高度，然后解开与支架的连接，让座舱一口气落下去。

40 m 的自由落体时间大约为 2.9 s。但实际上，座舱会受到空气的阻力，再加上跳楼机最后还会减速，所以它的最大速度只有 90 km/h 左右。

由于自由落体会产生与重力方向相反的惯性力，所以游客可以体验失重状态。

跳楼机最后减速的时候，游客的身体会有强烈的压迫感。这是因为此时惯性力的方向与重力相同，身体承受了一个很大的力。我们用 g 来表示重力加速度。当加速度是重力加速度的 5 倍时，加速度的大小就用 $5\,g$ 来表示。

大雨滴和小雨滴的下落速度

Q 雨滴在地表附近会以一定的速度降落。

那么，大雨滴和小雨滴的下落速度，哪个更大？

1. 大雨滴

2. 小雨滴

3. 几乎相等

雨滴的运动

正确答案是 1。雨滴凝聚成形后立即下落，速度逐渐增加。与此同时，雨滴受到的空气阻力也逐渐增大。空气阻力的大小和雨滴的体积大小、质量都有关系。

当雨滴到达某个位置时，重力和空气阻力便达到平衡状态。随后，雨滴以匀速直线运动降落。雨滴的降落速度为 1～8 m/s。

◆ 雨滴落下的形状与大小（直径）

1.35 mm   1.725 mm   2.65 mm

2.90 mm   3.675 mm   4 mm

当空气阻力可以完全忽略的情况下，即使质量不同，物体的降落速度也是相等的。因此，不受空气阻力的时候，无论大小，雨滴下降的速度基本都是相同的。假如没有空气，雨滴从 1 km 的高空落下，到达地面的速度大约是 500 km/h。

但是，像雨滴这样在空中运动时间较长的物体，就重力和空气阻力平衡后的降落速度而言，雨滴越大，速度越大。直径 0.1 mm 以下的雨滴受空气黏性阻力的影响较大，速度约为 1 m/s；如果雨滴直径大小在 2 mm 左右，则速度可以达到 9 m/s。

雨滴的形状

大雨滴的形状并不是所谓的雨滴状，而是球形的。雨滴越大，承受的空气阻力越大，形状也会像扁圆形年糕一样。

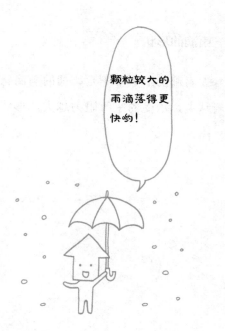

切断的胡萝卜哪边更重

Q 把胡萝卜用绳子吊起来，让胡萝卜处于水平平衡状态。从系绳子的位置（重心）切断胡萝卜。测量切开后两块胡萝卜的质量，左、右两边哪边更重呢？

把胡萝卜用绳子吊起来，让胡萝卜处于水平平衡状态。从系绳子的位置（重心）切断胡萝卜。测量切开后两块胡萝卜的质量，左、右两边哪边更重呢？

1. 两边一样重
2. 右边更重
3. 左边更重

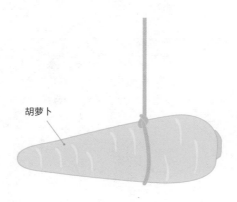

胡萝卜

杠杆与平衡

正确答案是 2。这是一个关于杠杆平衡的问题。利用杠杆，可以把很小的力变成较大的力，也可以把很大的力变成较小的力。我们周围有很多利用杠杆原理的物体。在杠杆上用力的点叫作施力点，支撑物体的点叫作支点，力产生作用的点叫作受力点。

一般物理学上会通过杠杆实验来研究杠杆的原理。当杠杆处于平衡状态的时候，以下等式成立。

◆ 杠杆处于平衡状态时，$F_1 x_1 = F_2 x_2$

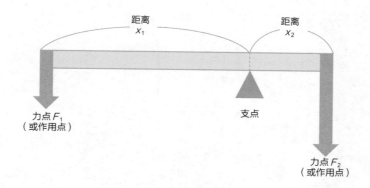

距离 x_1

距离 x_2

力点 F_1
（或作用点）

支点

力点 F_2
（或作用点）

左边施力点上力的大小×支点到左边施力点的距离=右边施力点上力的大小（或者受力点上力的大小）×支点到右边施力点（或受力点）的距离。

此时，"力点上施力的大小（或者受力点上力的大小）×支点到施力点（或受力点）的距离"叫作力的力矩，起到转动杠杆的作用。左边与右边的力矩相等的时候，杠杆达到平衡。

绳子吊着胡萝卜使其保持水平，绳子吊着的胡萝卜的中心位置就是胡萝卜的重心。用绳子吊起来后，我们可以考虑一下左侧重心（左侧的施力点）和右侧重心（右侧的施力点）之间的关系。左侧与右侧重心受到的力分别是左侧和右侧的重力。由于右侧的支点（绳子绑住的位置）到右侧重心的距离比左侧的短，而两侧的力矩平衡，所以可以得出，支点到施力点距离较小的右侧的重力更大，即右半边的胡萝卜更重。

用杠杆获得更大的力

力×受力点到支点的距离=力矩，撬棍就是利用了力矩平衡的原理，用很小的力获得一个很大的力。

◆ 距离支点较近的力点所受的重力更大

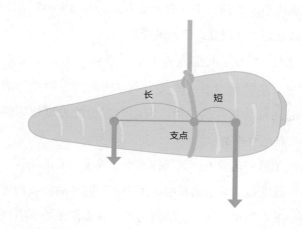

◆ 撬棍

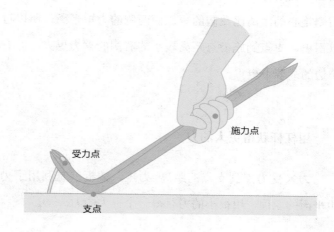

撬棍从支点到手的距离比支点到受力点的距离大很多，因此用很小的力就能拔出钉子。距离是 n 倍的时候，可以相应获得 n 倍于作用力的力。像撬棍这样利用杠杆原理的东西，生活中还有很多，例如剪刀、开瓶器等。

我们用手握住螺丝刀，手握住的地方比拧螺丝的地方粗很多。如果手握部位的半径是插入钉子部位半径的 n 倍的话，就能获得 n 倍的力。门把手、水龙头、自行车的车把及汽车的方向盘等都在以同样的方式获得更大的力。

在杠杆作用下，很小的力也能变得很大。

不动也在工作

Q 物体做功的快慢可以通过比较"1 s 内做多少功、产生多少能量"来得知。这个描述做功快慢的物理量称为"功率"。每秒 1 焦耳（简称焦，表示为 J）的功率（1 J/s）=1 瓦特（W）。

人一直保持静止状态时，产生的功率大约是多少？

1. 0 W

2. 10 W

3. 100 W

4. 1000 W

通过热量看功率

正确答案是 3。做功通过热量的变化来表现，1 s 内产生的热量用功率来表示。人每天摄取 8400 kJ（约 2006 kcal）的食物，并释放相应的热量。这些食物为我们的日常生存提供能量。

用 8400 kJ 除以一天的时长 86,400 s，可以计算出人体产生热量的功率大约为 100 J/s。人体的能量大部分都是热量，释放出的热量可以点亮功率为 100 W 的白炽灯。

当人们挤在狭小的屋子里时，会感觉到"热气"。因为每个人都相当于 100 W 的灯泡，释放热量的同时感觉到"热气"是再自然不过的现象。

功率=功÷做功所用的时间。

功率的单位是瓦（W），1 焦耳/秒（J/s）=1 瓦。

家用电器都在使用"瓦"这个单位。

被钉子挡住的摆球

Q 如图，将摆球系在绳子上拉并至位置 A，然后轻轻松开，下落途中绳子碰到钉子，摆球最终会上升到哪个位置？

1. B
2. C
3. D

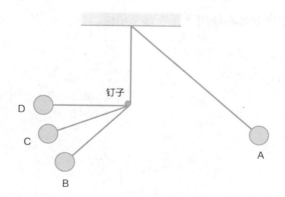

什么是机械能

正确答案是 2。势能与动能之和称为机械能。动能与势能可以相互转化，二者的和——机械能的总量保持不变。这个规律叫作机械能守恒定律。

我们把摆球运动最低点视为势能的基准点，将摆球抬高到一定位置时，摆球只有势能=质量×重力加速度×高度；摆球下落后，势能逐渐转化为动能。当摆球到达最低点时，势能为 0，动能 = 1/2×质量×速度^2，摆球达到最大速度。之后，动能再次转变为势能，摆球升到手离开时的高度。根据机械能守恒定律可知，摆球可以上升到与位置A相同的高度。

游乐园里的过山车到达一定的高度后，会沿着轨道上下往返。过山车的运动状态就与摆球的运动状态相似，动能和势能也在相互转化。

根据机械能守恒定律，过山车的势能永远不会高于最初高度时的势能。但过山车的轨道和车轮之间存在摩擦力，再加上空气阻力等的作用，过山车会失去一部分动能，导致上升的高度逐渐降低。

因此，现在的过山车除了靠最初的势能来维持车体的运动外，还会通过喷射压缩气体等方式来增加车体的动能。

能量守恒定律

　　事实上，动能并不会全部转化成势能，动能的一部分往往会转变成热量。机械能与热量的总和永远保持不变。也就是说，能量既不会凭空消失，也不会凭空产生。这个规律叫作能量守恒定律。能量守恒定律是自然界重要的基本定律之一。

Puzzle 5

磁力与电力

如何区分普通铁棒与永磁铁棒

Q 有两根外观完全相同的铁棒。其中一根是普通的铁棒，另一根是两端分别为 N 极和 S 极的永磁铁棒。

只用这两根铁棒，不用其他东西，如何区分哪个是永磁铁棒呢？

1. 将两根铁棒水平放置，并使两端相互靠拢
2. 将两根铁棒水平叠放在一起
3. 将其中一根垂直放置，靠近另一根的中间位置

磁铁两端的磁力最强

答案是 3。把条形磁铁与形状完全相同的非磁性铁棒放在一起，无论你让它们的哪一端相互靠近，还是把它们叠放在一起，它们都会互相吸引，让你无法分辨哪一个是磁铁。

◆ 永磁铁棒与普通铁棒

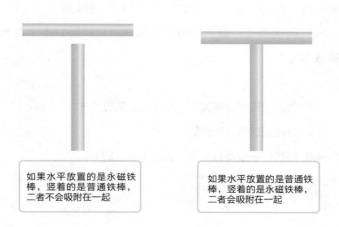

如果水平放置的是永磁铁棒，竖着的是普通铁棒，二者不会吸附在一起

如果水平放置的是普通铁棒，竖着的是永磁铁棒，二者会吸附在一起

如果有铁粉或者铁制回形针等物体，用它们接近铁棒，能吸住它们的铁棒就是磁铁。但是，要求不能借助其他物体，那就只能将其中一根铁棒垂直放置，靠近另一根铁棒的中间位置。

如果铁棒相互吸附在一起的话，则竖起来的那根就是磁铁；如果无法吸附在一起的话，则水平放置的那根就是磁铁。

用磁化的勺子敲石头

Q 用能被磁铁吸附的勺子靠近磁铁，勺子也会变成磁铁。通过测试勺子能否吸附铁矿石或回形针，就能判断勺子是否已被磁化。

再将经过磁化变成磁铁的勺子在石头或桌子等硬物上用力敲打，又会发生什么现象呢？

1. 勺子还是磁铁的状态

2. 勺子的磁性减弱或丧失

3. 勺子的磁性增大

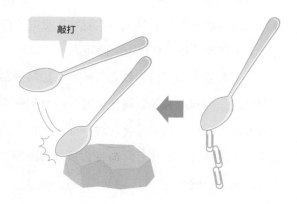

敲打

磁铁是小磁铁的集合

正确答案是 2。勺子靠近磁铁后，勺子里无数个"小磁铁"会朝着同一个方向整齐地排列，在石头上敲打勺子以后，"小磁铁"们便会回到杂乱无章的状态。

我们在黑板上张贴东西的时候，会用到黑色磁铁（吸铁石），把黑色磁铁敲碎成粉末状放入试管，即使将回形针靠近粉末，粉末也只能显示出微弱的磁力。可见，磁铁变成粉末状后，磁性会减弱。但是，如果用磁铁靠近试管，让粉末状的磁铁朝向一致，磁性就会复原，变得又可以吸引回形针。

能成为磁铁的物体（铁磁质）通常由直径约为 0.01 mm 的磁畴组成。磁畴可以理解为构成整个磁铁的"小磁铁"。其实准确来讲，"小磁铁"要比磁畴小很多。或许把磁畴解释为"中等大小的磁铁"更好一些。不过，为了便于理解，我们直接说成磁畴。

当无外磁场作用时，铁磁质的每个磁畴内部都有确定的自发磁化方向；有外磁场作用时，所有磁畴都会按照一定的方向（磁场方向）磁化，对外显示出强大的磁性。永磁铁以一定的方向磁化后，即使去掉外部磁场，方向和磁化效果也不会改变。

未被磁化时，磁畴的方向杂乱无章，各不相同，但整个铁磁质的磁畴互相抵消，无法表现出磁性（如图A）。但是把铁磁质置于磁场中，所有磁畴就会朝着同一方向整齐地排列，铁磁质就会变成磁铁（如图B）。

　　当磁畴处于杂乱无章的状态时，铁磁质整体并不是磁铁；而当所有磁畴朝向一致的时候，铁磁质整体就变成了磁铁。

◆ 磁畴的方向与磁场的方向一致

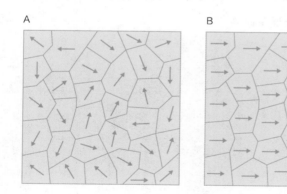

A　　　　　　　　　　　　B

微小的原子磁铁[1]

我们在此把"磁畴"解释为"小磁铁",而构成物质的原子也可以说是磁铁。

原子由位于中心的带有正电荷的原子核,以及原子核周围带有负电荷的电子构成。电子绕原子核运动以及原子核和电子自转都会产生磁性。每个原子都可以被视作磁场方向一定的磁铁,即可以把原子看成"原子磁铁"。原子磁铁整齐地朝着一定的方向排列,就能产生磁性。在自然界的磁性材料中,原子磁铁的朝向为何一致?这是一个很难解答的问题。

原子磁铁非常小,在直径约为 0.01 mm 的磁畴中大约排列着 2 万个原子磁铁。

[1] 磁畴内部包含大量原子,这些原子的磁矩都像一个个小磁铁那样整齐排列。

指南针与磁场

Q 把从指南针中拆出来的磁针或用磁铁摩擦过的琴钢丝放在泡沫板上，然后轻轻地放在盛有水的容器里，使其浮在水面上。用自动铅笔的笔尖拨动磁针，让磁针指向南北方向。在无风、水面平静的状态下，放置有磁针的泡沫板会发生什么呢？

1. 静止不动
2. 向着北方非常缓慢地在水面上移动
3. 向着南方非常缓慢地在水面上移动

地球的磁场

答案是 1。指南针或悬挂在绳子上的条形磁铁之所以在指向地球的南北极后停下来，是因为地球整体就是一个磁铁，会产生巨大的磁场。

地球本身就像一个巨大的磁铁，周围分布着磁场。指南针可以指示磁场的方向。地球磁场的北（N）极和南（S）极与地轴（地球自转轴）的北极、南极并不重合，而是存在一个磁偏角。地球的地理北极实际上是地球磁场的 S 极，地理南极是地球磁场的 N 极。所以，指南针的 N 极受到地磁极 S 极吸引，指向地理北极。

磁针受地球磁场的影响指向南北方向，磁针的 N 极与地球磁场的 S 极互相吸引，磁针的 S 极与地球磁场的 N 极互相吸引。对于磁针来说，地球磁场是均匀的。磁针 N 极与地球磁场的 S 极、磁针的 S 极与地球磁场的 N 极的吸引力大小相等，所以磁针受到的吸引力可以互相抵消，让磁针保持静止不动。

但是如果用磁针的 N 极去靠近永磁铁的 S 极，靠得越近，两者的吸引力越大，此时磁针磁极受到的力比地球磁场的吸引力大，导致磁针被永磁铁吸引。

◆ 地球的磁场

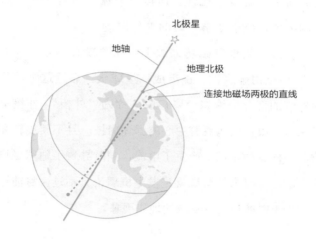

北极星

地轴

地理北极

连接地磁场两极的直线

地球是个巨大的磁铁

人们惊讶地发现，地球磁铁的磁场会发生倒转。近2000万年以来，大约每20万年便会发生一次磁极倒转的现象。

磁极倒转后，指南针的方向就会完全逆转。

我们是通过研究磁铁矿（铁矿石的一种）的构造发现这个现象的，磁铁矿其实是小磁铁的集合。处在磁场中的小磁石会朝着一定的磁场方向排列。火山喷发的熔岩中就含有磁铁矿。高温时小磁铁杂乱无章，整体的磁力互相抵消；冷却后，所有小磁铁朝着地球磁场的方向整齐排列，显现出磁性。所以只要调查熔岩冷却以后岩石的磁场，就能了解当时的地球磁场。

　　一般认为地球磁场来源于地球的核心部分——"地核"。地核由金属铁、镍组成，呈球状。靠近这个球状结构外侧的部分由液态金属构成，称为"外核"。外核里的熔融态金属物质包裹着中心的固体内核，且不断旋转和流动。外核流动过程中产生了电流，同时导致了地球磁场的产生。这个有力的假说就是发电机理论。不过，目前这个假说仍不能解释所有复杂的地磁现象。

干电池及内部电阻

Q 把1.5 V 的干电池和小灯泡连在一起，小灯泡变亮。那么，如果把 3 节1.5 V 的干电池两节正向串联、一节反向串联后与小灯泡连在一起，小灯泡的亮度较之前有什么变化？

1. 小灯泡不亮
2. 小灯泡的亮度和之前相比无变化
3. 小灯泡的亮度变暗

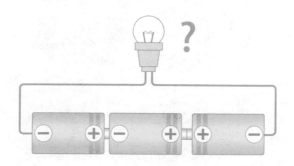

什么是电压

答案是 3。电压是推动电流流动的动力，它的大小决定了电流的强弱，电压的单位是伏特（简称伏，符号是 V）。

先简单说明一下电流与电压的区别。电流如字面意思，表示电荷的流动。正电荷或负电荷的"粒子"（电子或离子）移动就能产生电流。

◆ 电流、电压的模型

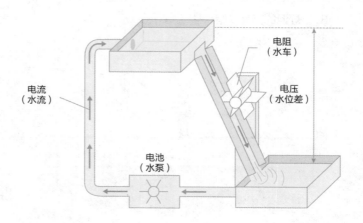

导体中有大量的自由电子，绝缘体中没有自由电子。在金属（即导体）中，带有正电荷的原子聚集在一起，自由电子自由地在原子的空隙间流动。当没有电压的时候，自由电子四处移动；一旦向其施加电压，自由电子就会在导体中沿着负极→正极的方向移动。而带正电荷的原子此时只能待在自己的位置，不停地抖动。这就是导体导电的原理。

电压起到给带电荷的电子或离子施力，使其运动的作用。如果把电流比作水流，电压相当于水泵产生的水压（汲水高度）。

干电池的电压是 1.5 V，日本家用电源插座的电压一般是 100 V，有的地方是 200 V。[1]

三个干电池，一个反向串联

把三个干电池串联，可以算出两端的电压为 1.5+1.5+1.5＝4.5（V），如果把其中的一个反向串联，电压就变为 1.5+1.5-1.5＝1.5（V），与只有一个电池时的电压相同。

————————

[1] 中国家用插座的电压为 220 V。

从数值上看，两次小灯泡的亮度应该是一样的。

但是我们容易忽略一个东西——电池内部的电阻。

不连接小灯泡的情况下，测出的电压值与计算出的相同，均为 1.5 V。但是串联小灯泡后，测出来的数值变成了 1.45 V，稍微小于计算的数字。这是因为，电池内部存在电阻，使得电流流动时电池两端的电压降低。

电池的电阻随着电流的增大而增大。当三节电池串联时，其电阻就是一节电池时的三倍。

当三节电池其中两个正向串联、一个反向串联，再与小灯泡连接时，测每个电池两端的电压，可以测出正向的两个均为 1.45 V，反向电池两端的电压为 1.55 V。其实就相当于两节正向电池在为一节反向电池充电。可以算出灯泡两端的电压为 1.45+1.45−1.55＝1.35（V），比一节电池时的电压低。所以，一个干电池与两个干电池反向串联的时候，电路中的电流较小，灯泡的亮度比之前暗。

需要注意的是，为干电池充电容易造成电池破裂等危险情况，因此我们做实验的时候，一定要在短时间内结束。

铝罐与静电

Q 让空铝罐躺倒，放在光滑的桌面上，将用纸巾摩擦过的吸管靠近铝罐。

铝罐会发生什么样的现象呢？

1. 铝罐不动

2. 铝罐追着吸管滚动

3. 铝罐与吸管互相排斥，铝罐朝着吸管的相反方向滚动

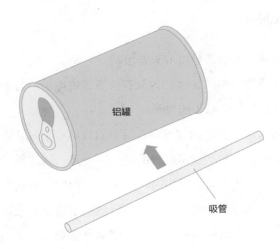

铝罐

吸管

起静电的原因

正确答案是 2。任何物体都是由原子构成的。原子由位于中心带正电荷的原子核及周围带负电荷的电子组成。一般情况下，原子的正电荷与负电荷相互抵消，整体对外不显电性。原子核位于原子的中心，很难被捕获，而处于外侧的电子则较容易被捕获。

原子整体呈中性，因此，物体整体也是中性的。但是，当两个物体互相摩擦时，其中电子更容易被捕获的物体，其电子会转移到电子较为稳定的物体上。于是，在得到电子的物体中，电子比正电荷的数量多，物体带负电；失去电子的一方则带正电。

静电感应

空铝罐会追着带静电的吸管滚动。

铝之类的金属（导体）内部有很多自由电子，自由电子就是不属于任何原子的电子。

金属靠近带负电的吸管，金属中的自由电子被吸管中的负电荷排斥，移动到了较远的地方。于是，铝罐靠近吸管的一侧聚集了大量的正电荷，较远的一侧则会聚集大量的负电荷。铝罐靠近吸管的一侧的自由电子减少，正、负电荷之间的平衡遭到破坏。于是，空罐靠近吸管的一侧带正电，与吸管的负电荷互相吸引。

外部的带电物体造成金属内部电荷移动的现象叫作静电感应。铝罐会在静电感应的作用下被吸管吸引，而且这个现象在干燥的冬季会更加明显。

◆ 静电感应

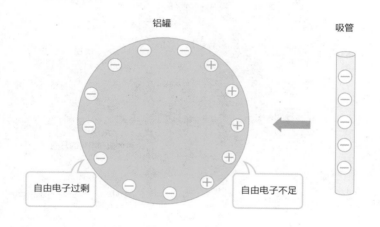

铝罐

吸管

自由电子过剩

自由电子不足

水的电介质极化

绝缘体（电介质）也会发生类似静电感应的现象。绝缘体中尽管没有自由电子，但是接近带电物体时，其中的原子或分子的电子位置会发生改变，产生电荷的偏移。如果我们用带电的吸管靠近从水龙头里流出来的水，水流就会向吸管方向弯曲。（这里的水假设为纯水。纯水是绝缘体，有杂质的水是导体。）

◆ 水的电介质极化

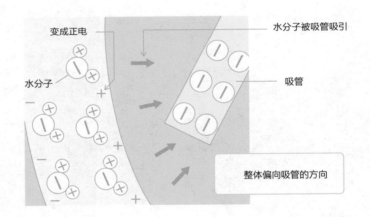

每个水分子内的电荷出现了偏移。例如，我们用带负电的物体接近水的话，水分子的正电荷会聚集到靠近带电物体的一侧。

绝缘体中发生的电荷偏移（电荷分布不均）现象被称为"电介质极化"。

同时按下电灯开关

Q 楼道有电灯，楼梯上下均有开关，且都有开灯和关灯的功能。

关灯时，楼梯上下的两个人同时按下开关，电灯会发生什么呢？

1. 灯一直亮着
2. 灯灭了
3. 灯一瞬间灭了，之后又亮了

电路

答案是 3。电流从电源的正极发出，沿着导线流动，让电灯发光、马达转动，随后继续沿着导线回到电源的负极。

电流流动所经过的回路叫作电路。"电路"其实就是电流流动一圈的路程。

像干电池这样的直流电源，电流都是从电池的正极流向负极。但是，金属中的电流实际上是由自由电子从负极向正极流动而形成的。不过，电流的原理在人类对电子尚不了解的时候就已经确定下来，所以物理学中规定电流的方向是正极→负极。

电路由电源、电气电子部件（电流流通并做功的场所，如电灯或马达等）、导线（连接电源与物体的金属线）组成。电源、电气电子部件、金属导线是电路的三要素。

楼道开关的秘密

楼道的灯无论从一楼还是二楼都可以自由开关。

楼道的开关叫作"三联开关"，是一种翘板开关。

如下页图所示，开关里巧妙地设置了小机关。普通的电灯开关"on-off"一目了然。但是，仔细观察楼道的这个开关，就不难注意到它并没有"on-off"的标记。

◆ 三联开关

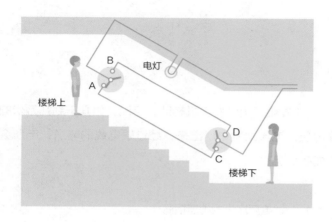

电灯亮的时候电路闭合，开关连接 A、C（或 B、D）。

假设开关连接 A 与 C。此时按楼梯上方的开关，开关离开 A，连到 B；电路断开，电灯熄灭。

同样，A 与 C 都接通的时候，按下楼梯下方的开关，开关从离开 C，与 D 相连；电路断开，电灯熄灭。

电灯熄灭状态下，如果再按楼梯上方或下方的其中一个开关，电路就会闭合，点亮电灯。

A 和 C 接通，电灯点亮时，同时按下楼梯上、下的开关，开关就会同时从 A 到切换到 B、从 C 切换到 D，电路断开的一瞬间令电灯熄灭，但 B、D 接通之后，电灯便马上恢复到点亮状态。

输电线的电压大约多高

Q 发电厂里的发电机转动，可以产生几千到几万伏的高电压。电流从发电厂出来，经过输电线的输送，电压会变成多少呢？

1. 与发电厂产生的电压相同

2. 输电线的电压比发电厂产生的电压高很多

3. 输电线的电压比发电厂产生的电压低很多

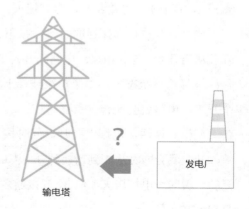

输电塔　　　发电厂

156

从发电厂到各家各户的输电之路

答案是 2。日本火力发电厂产生的电压大约是 15,000 V，水力发电的电压为 18,000 V 以下。发电厂会把这些电压变成 154,000～500,000 V 的超高压输送出去。

发电厂大多分布在与用电量大的城市相距较远的地方。电流在输送到家家户户之前，一般会经历几十千米到几百千米的旅程。电能的输送过程中会出现传输损耗，能量以热能的形式损耗掉。把电压升高再进行输送，就可以减少输电损耗。不过即便如此，输送中途依然会损耗整体电功率5%左右的电。

如果电压过高，电线周围容易产生电晕放电现象，因此输电之前，我们需要充分考虑整体的条件，确定电压大小。

日本发电厂最高会把电压升高至 500,000 V用于传输，与此同时，发电厂会设立变电所。输送中散热（焦耳热）使得超高电压产生了部分损耗，但是我们无法在市中心设置超高电压输电线，因为这样会很危险。于是，人们巧妙地利用变电所，逐渐把电压降低。通过变电所改变电压的现象叫作变电，在变电所中可完成变电的过程。安装在电线杆上的变压器可以把电压降到 100～200 V 后输送到家家户户。以前日本的家用电压都是 100 V，最近由于人们使用火力更强的炉灶和空调等设备，故几乎都接入了

200 V 的电压。

以上就是发电厂发电并输送到各家各户的原理和过程。

高压输电为何能降低损耗

假设发电厂向外输出电能的功率始终为 P（单位：W），我们来考虑下高压输电为何能降低发电损耗。

输电电压用 E（单位：V）表示，电流用 I（单位：A）表示，电功率 $P=E\times I$。电流在电线中传输会产生热量（焦耳热），造成输电损耗。这部分热量与 $I^2\times R$（电线的电阻）成正比。

当电功率 P 一定的条件下，如果电压 E 升高至原来的 3 倍，电流就会变成原来的 1/3。

由于热量与 $I^2\times R$ 成正比，所以电流产生的热量会降低为 $(1/3)^2=1/9$。

也就是说，电压升高至原来的 n 倍，损失的热量则会减少到原来的 $1/n^2$。损耗的热量减少，发电厂就能成功运输尽可能高的电压。

目前，输电损耗至少为发电功率的 5%。因此发电厂输送 500,000 kW·h（千瓦时，简称为度）的电力，其中会有 25,000 kW·h 的损耗。假设一户家庭的平均每小时的用电量是 0.83 度（一天 20 度），那么输送过程中损失的热量相当于 3 万户家庭 1 个小时的用电量。

70节碱性干电池串联

Q 70 节 7 号碱性干电池并排与 100 V、60 W 的灯泡串联，灯泡是否会亮?

1. 灯泡明亮

2. 灯泡会亮，但灯光微弱

3. 灯泡不亮

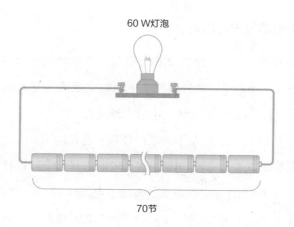

60 W灯泡

70节

70 节碱性干电池串联，电压超过 100 V

正确答案是 1。我实验过很多次，60 W 灯泡与 70 节碱性干电池串联后的亮度，与 60 W 灯泡插在 100 V 家用插座上的亮度并无太大差别。

在日本，一节全新的 7 号碱性干电池的电压是 1.55 V。70 节串联的话，电压一共是 1.55×70=108.5（V）。虽然电池内部的电阻会使电压减小，但基本上不会使灯泡出现肉眼可见的灯光变暗或熄灭。

如果电池和导线之间不接入灯泡，直接相连，电路会发生短路，接触的地方会出现电火花飞溅的现象。

干电池与内部电阻

不要忘了，干电池内部也有电阻。干电池的电阻与电池种类及大小有关，7 号碱性干电池的电阻约为 0.6 欧姆（Ω）。70 节碱性干电池的电阻大约是 42 Ω。

108.5 V 的电压分布于串联的灯泡和总电阻上。

根据电功率（W）=电流（A）×电压（V），可以计算出 100 V、60 W 的灯泡的电流，60 W＝电流（A）×100V，由此我们能得出电流是 0.6 A。灯泡的电压和电流分别是 100 V、6 A，根据"欧姆定律"——电压=电流×电阻，我们可以算出灯泡的电阻为 $100 \div 0.6 \approx 167$（Ω），大约为干电池的4倍，所以分配在灯泡两端的电压为电源电压的4/5。可见，灯泡很亮。

以上计算方法是建立在灯泡适用于欧姆定律的假设之上的。

欧姆定律适用于"一定温度下的金属""纯电阻电路[1]"，因电阻产生其他能量（光能、热能、机械能等）的情况不适用。对于灯泡等发光发热的物体，数值会有一定的误差，所以欧姆定律只能做粗略的计算。

19世纪80年代后期，美国电力工业刚刚起步，当时人们激烈地争论过，用交流电发电厂还是直流电发电厂。这场"战争"被称为"电流之战"。最终，交流电取得了胜利。直流电有电压升高困难、输电损耗大等缺陷，所以最终败给了交流电。交流电的电压经过变压器转化成高电压输送出来，再经过变压器降低为实用且安全的电压输送入户，可运输的范围非常广泛。

---

[1]　纯电阻电路：通电状态下只发热的电路，即通电状态下电能全部转化为电路电阻的内能，不对外做功的电路。（译者注）

电功与电能

电功率（单位为瓦，符号为 W）是指电流在单位时间内做的功。电功率×时间，就是实际的电功。

"100 V、200 W"的电器使用一个小时所耗费的电能= 200 W×1 h = 200 Wh。假如某月该电器的使用时间为 30 h，则当月该电器耗费的电能=200 W×30 h= 6000 Wh = 6 kW·h（6度）。

所以我们在电费单上看到的"本月用电量 100 kW·h"，表示的就是本月耗费的电能为 100 kW·h。

电动机能否播放音乐

Q 将直流电动机模型和可播放音乐的录音机扬声器的接口连在一起，能否从电动机里听到音乐？

1. 可以

2. 不可以

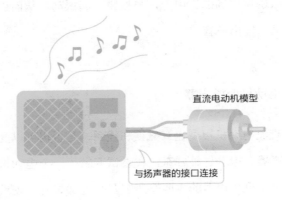

直流电动机模型

与扬声器的接口连接

扬声器的工作原理

答案是 1。扬声器是把电流的变化呈现为声音（空气振动）的一种装置。

我们不妨试着动手做一个最简单的扬声器。首先找一个纸杯，在纸杯的外杯底处贴一块磁铁，然后在周围裹上绕了几十圈漆包线的线圈，最后把线圈连接在录音机的扬声器接头上，一个简单的扬声器就做好了。通过这个装置，我们可以听到微弱的广播声。

扬声器（动态扬声器）由固定在扬声器上的永磁铁、粘在振膜上的音圈组成。当音频电流在音圈中流动，音圈受到永磁铁磁场的作用力，与振膜一起振动，从而引起空气振动，发出声音。

电动机变扬声器

直流电动机模型也有磁铁和线圈，是否也可以变成一个扬声器？抱着这种好奇，我尝试着做了一个电动机扬声器。电动机扬声器的主要发声装置是内部装有永磁铁的部位，这个部位振动产生声音。而且，转轴也会伴随着声音一起振动。如果我们将转轴靠近塑料制的水槽，扬声器发出的声音则会更大。事实上，扬声器和电动机的构造基本一样。

如果我们把录音机的话筒接在自制的纸杯扬声器上，那么对着纸杯里说话就能录音。尽管音质比较粗糙，但是录好的声音也可以重放。这个装置已经变成了一个话筒（电动式传声器）。

我们对着扬声器说话，空气的振动引起纸杯（主要是底部）的振动，于是线圈也跟着一起振动。因为线圈在永磁铁的磁场中振动，所以能够产生电流。这个电流和声音是一一对应的，所以能产生话筒的效果。

电磁感应

当磁铁靠近或远离闭合的线圈时，线圈中便会产生电流。电流是由线圈中磁场的变化而产生的。这种现象叫作电磁感应，此时的电流称为感应电流。

感应电流仅会在磁场变化的过程中产生，磁场不发生变化（如磁铁相对静止）的时候则不产生感应电流。磁场变化越快，产生的电流越大。

1831 年，法拉第发现了电磁感应现象。现在，日本乃至全世界发电依靠的都是电磁感应原理。

只要具备磁铁和线圈，就可以产生电流。如果把日式自行车的发电机拆开，就能看到里面是有磁铁和线圈的。

直流电动机里也有磁铁与线圈。电动机轴转动，可以带动位于磁铁磁场中的线圈转动。以线圈为研究对象，其周围的磁场在不断变化，产生电流，即直流电动机会变成发电机。

家庭用电都来自发电厂。发电厂利用的是水能（水力发电）或高温高压蒸汽的能量（火力发电、地热发电、核能发电等），并用这些能量来转动巨大磁铁（电磁铁：电流流过，消耗了一部分电）里的巨大线圈来发电。

1日元硬币与钕磁铁

Q 在桌子上放一枚 1 日元的硬币，在硬币上放一块钕磁铁。然后把钕磁铁迅速垂直拿起，硬币会有什么变化？

1. 在桌子上保持不动

2. 被磁铁带起来，半路掉落

3. 和磁铁一起上升

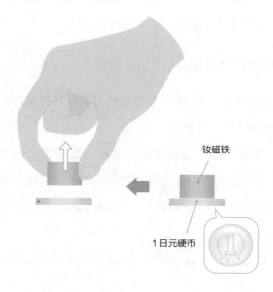

钕磁铁

1 日元硬币

顺磁质——铝

答案是 2。我们若是轻轻把磁铁拿起来，硬币会在桌子上保持不动。

1 日元的硬币是由纯铝制成的。铝和易被磁铁吸附的铁、钴、镍等铁磁质不同。纯铝制成的 1 日元硬币一般不会被钕磁铁吸引。但是，如果我们让 1 日元硬币处于非常容易移动的状态下，硬币就会跟着钕磁铁移动。例如，1 日元硬币浮在水面上，我们在其附近放一块钕磁铁，就能看到硬币向磁铁靠近。铝是顺磁质，因此会出现这种现象。但是如果我们把 1 日元的硬币放在桌子上，那么硬币受到的磁铁的吸引力很弱，就不会出现位移。

磁场的变化与涡流

但是我们将钕磁铁放在 1 日元硬币上，并迅速拿起磁铁，就会观察到另一种现象。

硬币周围的磁场急剧变化，使得硬币产生了环形电流，而环形电流的磁场会反抗外界磁场的变化。这种在金属内部产生的环形电流叫作涡流。涡流也是一种电磁感应产生的感应电流。

假设钕磁铁与 1 日元硬币接触的面为N极，钕磁铁从硬币上方快速离开时，硬币为了反抗 N 极的离开，就会形成能产生 S 极磁场的涡流。于是，硬币在 N 极与 S 极的引力达到平衡之前，会和磁铁吸附在一起。当重力超过磁铁吸引力的时候，硬币就会掉下来。

◆ 涡流

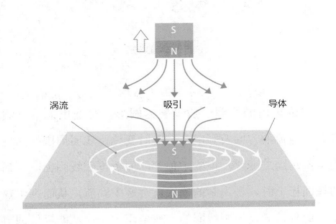

利用了涡流的电磁炉

我们常用的电磁炉就利用了涡流的原理。

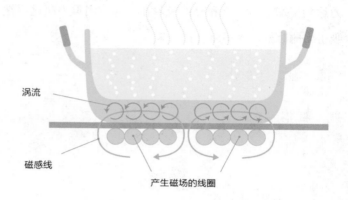

涡流

磁感线

产生磁场的线圈

　　电磁炉内的线圈一般设置为圆形。交变电流流过线圈时，电流的方向及强度都在随时变化，线圈周围的磁场也会不断随之变化。电磁炉顶部的面板位于线圈上，当锅放在面板上时，金属制的锅底就会产生涡流，从而产生热量。此外，通过控制线圈的交变电流大小，就能轻松调节电磁炉的加热程度。

　　电磁炉利用的是金属的涡流原理，所以不能使用玻璃锅或陶瓷锅。

克鲁克斯管与辐射效应

Q 克鲁克斯管是一种用于实验的真空放电管。[1]

克鲁克斯管装有叶轮，叶轮转动的主要原因是什么？

1. 有一定质量的电子碰撞并推动叶轮（电子的动量）

2. 碰撞的电子导致叶轮一侧温度上升（辐射效应）

3. 电子以外的其他粒子伴随电子运动，粒子激烈运动并互相碰撞导致叶轮转动（其他粒子的动量）

叶轮

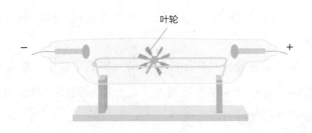

<hr />

[1] 克鲁克斯管又名阴极射线管，由英国人威廉·克鲁克斯首创，可以发出射线，是将电信号转变为光学图像的一类电子束管。（译者注）

辐射效应

答案是 2。英国著名的化学家和物理学家威廉·克鲁克斯发明了克鲁克斯管,他在 1879 年发表的论文中得出结论:阴极射线上的叶轮转动,主要是由具有质量的电荷导致的。当时,他认为一定质量的粒子(即电子)碰撞能推动叶轮,使其旋转起来。

但是,1903 年英国物理学家汤姆逊计算电子的动量,发现电子一分钟之内最多只能让叶轮转动一次。他表明,叶轮旋转是因为阴极射线照射到叶轮一侧,使其温度上升而出现了辐射效应。光线照射到黑色的一侧比白色一侧的温度上升得更快。虽然叶轮周围的空气分子数较少,但空气分子的激烈运动和碰撞导致叶轮两侧产生了压强差,白色的一面向前开始旋转。这个过程就是辐射效应的表现。

尽管辐射效应早在 100 多年前就得到了证明,但是这个实验一直被用来作为证明电子是有质量的粒子的示例,被历届理科教科书沿用至今。

而且,理科教材用的克鲁克斯管除了用叶轮的以外,还有用十字板、裂缝、偏转电极等多个种类。十字板实验时,阴极射线会直线前进;裂缝实验时,阴极射线会向靠近磁铁的方向弯曲;偏转电极实验时,阴极射线被正极吸引,被负极排斥。

Puzzle 6

原子能与放射线

放射性物质与半衰期

Ⓠ 质子数相同、中子数不同的核素叫作同位素（Isotope）。小学理科等学过淀粉遇碘显色的原理，实验用碘液的碘 127（127 为质子数）是不具有放射性的稳定同位素。核反应堆里铀 235 核裂变可以产生碘 131，碘 131 就是碘 127 的放射性同位素，半衰期大约为 8 天。

假设碘 131 最初的原子能（指一定种类的原子核自发地变成其他种类原子核的性质）强度为 1，经过 24 天后放射性铀的原子能强度是多少？

1. 1/2

2. 1/3

3. 1/4

4. 1/8

放射性同位素的半衰期

答案是 4。放射性元素的原子核有半数发生衰变时所需要的时间叫作半衰期。

铀 131 的半衰期约为 8 天，铯 134 的半衰期为 2 年，铯137 的半衰期大约为 30 年。

例如，铀 131 的原子共有 1 亿个，则第 8 天会变成 5000 万个；再经过 8 天后（从开始日起算共历经 16 天）减半，变成 2500 万个；再经过 8 天（从开始日起算共历经 24 天）后总数减少到 1250 万个。每隔 8 天，原子数就会减半。

◆ 放射性物质的半衰期

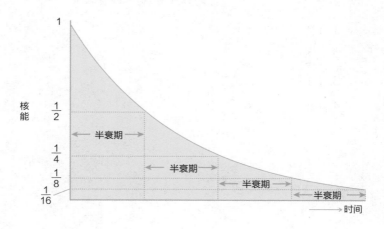

伽马射线与核辐射

Q 钴 59 撞击中子，与中子反应可以变成钴 60。钴 59 是没有放射性的稳定同位素，而钴 60 是放射性同位素（放射性核素），能够释放出伽马射线。钴 60 被用作伽马射线源广泛应用在各个领域。

如果用钴 60 释放出的伽马射线源从外部照射人体，那么人体是否会携带核辐射（放射性物质释放放射线的性质和能力）呢？

1. 会一直携带

2. 根据照射位置的不同而不同

3. 不会

核辐射与放射线

答案是 3。除了铀原子以外，镭原子等也带有核辐射。有核辐射的原子核释放放射线的同时，会自发地转化成其他原子核。

放射性同位素放出的代表性放射线有 α 射线、β 射线、γ 射线三种。

这三种射线统称为电离放射线。放射线与物质接触时，放射线的能量能够让物质原子内的电子发生电离，飞到外面。电子被释放以后，剩下的原子失去负电，只剩与逃逸电子带电量相同的正电，变成阳离子。放射线的电离作用就是原子发生离子化的过程。

但这些放射线不会在人体内形成放射性物质，也就是说，人体不会携带核辐射。

不过，与放射线同类型的还有一种中子线，人体照射到中子线时，体内的钠原子有时会变成具有放射性的钠24原子。

放射线的穿透能力

α 射线、β 射线、γ 射线之中，α 射线的穿透力最弱（在空气中的射程只有几厘米），只用一张纸便能挡住。β射线在空气中可以穿行数米，能被几毫米厚的铝板挡住。

三种射线中，α射线的电离作用最强，β射线居中，电离作用最弱的是γ射线。

◆ 三种放射线

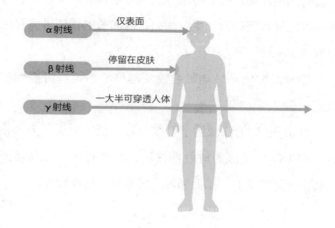

放射线的真面目

从广义上来说，放射线其实是空间中四处飞散的电磁波（可见光线、紫外线、红外线等除外）、电子、质子或中子形成的原子核粒子束。

α 射线　　高速运动的氦原子核（两个质子和两个中子紧密结合的粒子）

β 射线　　从原子核中心逃逸出来的高速电子流

γ 射线　　近似于X射线的高能电磁波

这些放射线照射人体时，可以通过电离作用切断细胞遗传基因的连接，或者将水分子变成活性氧。不过，放射线也可能导致癌细胞产生、增殖，时间长的话还可能恶化为癌症。

相反，如果巧妙地照射癌变部位，也可以将癌细胞杀死。

以钴 60 为射线源的 γ 射线非常广泛地运用在多个领域，例如医疗领域的放射性疗法、食品行业的食品辐照（防止土豆发芽）、工业领域中的非破坏性检验等。

核爆炸与希沃特

Q 在福岛第一核电站事故的新闻报道中经常出现希沃特（Sv，又称西弗）或毫希沃特、微希沃特这几个单位。那么，希沃特是用来衡量什么的计量单位呢？

1. 表示放射性衰变程度的计量单位

2. 表示接收到放射线能量的计量单位

3. 表示放射线对人体影响的计量单位

放射线对人体的影响

答案是 3。衡量放射线辐射剂量对人体影响程度的数值单位被称为希沃特（Sv）。1 希沃特等于 1000 毫希沃特，1 毫希沃特等于 1000 微希沃特。

人体受到大剂量辐射产生的急性症状被称为急性辐射综合征（又称辐射中毒或辐射病），症状包括白细胞减少、恶心、呕吐、皮肤红疹、脱发、绝经及不孕不育等。当辐射剂量超过 200 毫希沃特时，往往会出现急性辐射综合征。

而出现诸如癌症等慢性病症的情况被称为慢性辐射综合征。如白血病会在 2～5 年后发病，大多数因辐射诱发的癌症会在 10 年后发病。

医用 X 光诊断、放疗等过程中也会产生低剂量的辐射，医学界对治疗效果和辐射后果权衡利弊之后，决定是否加以采用。其最大的好处是，用 X 光诊断患者能够准确地发现病症，而癌细胞增殖速度很快，通过放疗才能有效地破坏癌细胞。因此 X 光和放疗一直受到医疗界的青睐。

放射性核衰变——核辐射

具有放射性的原子会释放放射线并发生衰变，放出的射线包含 α 射线、β 射线、γ 射线等。

贝克勒尔（Bq）用来衡量放射性活度。1 贝克勒尔是指 1 秒钟有 1 个原子衰变为其他原子。所以如果 1 秒钟有 100 个原子发生衰变，就可以理解为产生了 100 贝克勒尔的核能。

表示人体吸收辐射能量的单位

人体等暴露在放射线下，每 1 千克重量吸收的电离辐射能量（单位：焦耳，J）用戈瑞（Gy）来表示。

1 Gy 即 1 kg 物质吸收了 1 J 的辐射能量。

放射线辐射与急性辐射综合征

人体组织在受到同等剂量的放射线辐射时，戈瑞相同的情况下，α射线比β射线对人体的影响更大。遭受辐射的人体组织不同、放射线的种类不同，对人体造成的辐射影响均不一样。

即使吸收量相同，放射线种类以及辐射能量的大小的不同会给人体造成不同程度的影响，考虑到这些因素，人们采用希沃特来表示辐射剂量。这个单位可以将人体吸收放射线后产生的辐射影响以数值的形式表现出来。

自然界中的辐射

Q 自然界经常交织着各种放射线。非人为产生的放射线被称为天然辐射线。

例如，我们的人体中存在钾元素，一部分是具有放射性的钾 40。人体内部会受到钾 40 所释放的射线辐射。

我们每天大约从食物中摄入 50 贝克勒尔的钾 40，此外，身体摄取的同时也会排泄掉一部分，所以该元素在一定量的状态下维持平衡。

那么，成年人体内所含的钾 40 的辐射剂量大概是多少呢？

1. 40～50 贝克勒尔

2. 400～500 贝克勒尔

3. 4000～5000 贝克勒尔

天然辐射线

答案是 3。地球每天都在接收从遥远宇宙或太阳耀斑等地释放出来的宇宙射线。而且，地壳中所含有的铀、镭、氡、钾40 等元素也在不断释放放射线。

植物在生长过程中，会从土壤中吸收大自然中的钾 39（93.3%）、钾 40（0.0117%）、钾 41（6.7%），其中含量约占万分之一的钾40为放射性元素。

我们每天从食物中摄入的辐射剂量大约有 50 贝克勒尔。由于钾 40 的半衰期是 12 亿 6 千万年，所以很难通过放射性衰变减少，但是，钾40的含量会随着排泄减少。假设摄入体内的钾 40 的辐射剂量是 100 贝克勒尔的话，通过排泄使其含量削减为一半（即 50 贝克勒尔）大约需要 60 天的时间。新陈代谢平衡的状态下，人体内的辐射剂量（贝克勒尔）= 1.44×每天的平均摄入量（贝克勒尔/天）×削减至半数所需要的时间（天）。运算结果为 4300 贝克勒尔。考虑到个体差异，每个人体内的辐射剂量是 4000～5000 贝克勒尔。

天然辐射线产生的辐射剂量与人所处高度、纬度以及地质环境等有很大关系。例如，海拔高的地方会受到更多的宇宙射线辐射。坐飞机时相比在地面上要受到更多的辐射。日本关西地区比关东地区地表的天然辐射高，这是因为关东地区的岩石中的钾 40 被厚重的关东垆坶质土层（沃土）遮挡，因此辐射较弱。东京都厅采用花岗岩建造，岩石里面钾 40 的含量较高，所以天然辐射高于其他地方。

◆ **身边的辐射线**

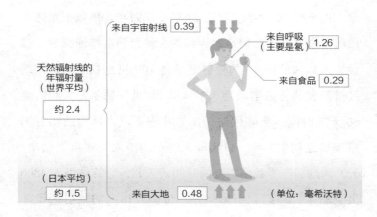

天然辐射线的年辐射量（世界平均）

约 2.4

（日本平均）

约 1.5

来自宇宙射线 0.39

来自呼吸（主要是氡）1.26

来自食品 0.29

来自大地 0.48

（单位：毫希沃特）

天然辐射线与人工辐射线的危险程度相同

钾 40 主要留存于生物体的肌肉内。因此，越是肌肉含量高的人，越是会储存更多的钾 40 辐射能量。89% 的钾 40可以发生 β 衰变，释放出 β 射线并衰变为钙 40。其余部分钾 40 会在电子俘获后，释放出 γ 射线，衰败为氩 40。上述过程中，生物体受到 β 射线和 γ 射线的辐射。

由于"1 秒钟有 1 个原子衰变为其他原子＝ 1 贝克勒尔"，所以人体内每秒会有 4000～5000 个钾 40 发生衰变，并且放出 β 射线和 γ 射线。

钾 40 的辐射是天然辐射线，但是即便如此，也不能认为这种辐射是安全的。生物体无法感知区分人工辐射与自然辐射。倘若受到同样单位希沃特的辐射，人工辐射与自然辐射给人体造成的影响是相同的。

核反应与核能

Q 石油、煤炭等物质燃烧会发生化学反应，释放能量；核裂变（核能发电）以及核聚变等核反应也会产生能量。那么，核反应所产生的能量大约是化学反应产生的能量的多少倍呢？

1. 1 万倍
2. 10 万倍
3. 100 万倍

核反应的能量大约为化学反应的100万倍

答案是 3。由于化学反应与核反应的原理完全不同，所以很难进行精确的比较。但是核反应所产生的能量与化学反应产生的能量完全不是一个量级，大概存在 100 万倍的差异。

诸如燃烧等化学反应，尽管反应中原子会发生置换，但是原子核并不会受到任何影响。原子与原子之间通过彼此的电子结合在一起，释放出能量。

与之相比，核反应是借由原子核的分裂与聚合，从而产生能量的。原子核是由质子和中子通过核内巨大的吸引力——核力结合在一起的，其结合的能量巨大。无论是化学反应还是核反应，反应物质反应结合后的能量总和如果超过反应前的能量总和，都会将多余的那部分能量释放出来，产生很大的反应能量。对比化学反应与核反应的前后能量就会发现，后者的能量是前者的 100 万倍。

原子弹与质量的变化

Q 核裂变连锁反应与核聚变可以释放出巨大的能量，这个结论已经通过爱因斯坦著名的质能关系公式 $E=mc^2$（m 是物质的质量，单位 kg；c 是光在真空中的速度 $=3\times10^8$m/s；E 指能量，单位 J）得到了证明。

核裂变过程中，反应前后的质子与中子的总数量并未发生改变，然而裂变后的质量比反应前的质量减小了。

长崎原子弹爆炸时，核爆后比核爆前的质量减少了多少？

1. 1 g
2. 100 g
3. 1 kg

裂变链式反应

答案是 1 。核电站所使用的燃料为铀 235。用中子撞击铀 235 的原子核，铀 235 会分裂成两个新的原子核。这个过程被称作裂变。原子核分裂时，会释放出 2～3 个中子，同时可以产生巨大的能量。而放出的中子会进一步撞击附近的铀 235 原子核，进一步引发裂变反应。这种接二连三的反应叫作裂变链式反应。裂变链式反应的结果是能释放出极大的能量。原子弹爆炸利用的就是裂变反应的原理。

◆ 裂变链式反应

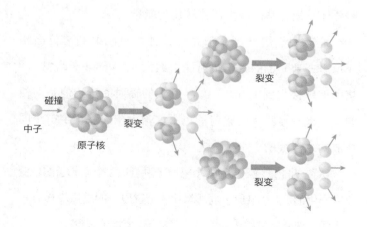

碰撞

中子

裂变

原子核

裂变

裂变

核能发电的核反应堆可以对裂变链式反应的速度进行严密调节，使核反应较为缓和地进行。

1 g 物质消失引起的长崎原子弹爆炸

将 1 g 的物质全部转换为能量，根据质能方程 $E=mc^2$ 可以算出最后释放出的能量总量为 9×10^{13} J（=21 兆卡路里）。这个数值大致等同于长崎原子弹爆炸产生的能量。

换而言之，长崎核爆事件中，地球上仅消失了 1 g 质量，就释放出 9×10^{13} J 的能量，袭击了长崎数万人。

当两个原子核足够接近时，它们会融合为一个新的原子核，而这种变化被称作聚变反应。反应过程中，反应物的总体质量会略微减少，并转化为能量。

地球大气层外，太阳光每分钟垂直照射到单位面积（每平方米）上的太阳辐射能大约为 8 J（约 2 卡路里），整个地球接收到 1.02×10^{19} J 巨大的辐射能量。但是即便如此，地球接收到的辐射能也不过是太阳向整个宇宙空间释放的总能量的二十亿分之一。

太阳的能量就是通过 4 个氢原子融合成 1 个氦原子的聚变反应产生的。1 个氦原子的质量比 4 个氢原子的质量轻 0.7%，失去的那部分质量转化为能量，形成了太阳能的来源。

◆ 核聚变反应与能量释放

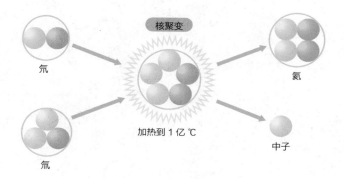

核反应堆被称为"地球上的太阳",人们正在开展基于原子核的聚变反应产生的热量来发电的核反应堆研究。如何有效地困住等离子体是目前面临的一大难题。

Puzzle 7

超能力与心灵现象

你知道尤里·盖勒吗

Q 20 世纪 70 年代中期，日本爆发了"超能力热潮"，而掀起这场热潮的正是一位自称拥有超能力的以色列人——尤里·盖勒（Uri Geller）。

他宣称要"从加拿大传送念力，让停掉的表动起来"。

实验当天，拍摄现场的 10 台电话响个不停，大家纷纷表示"表真的动起来了！"那么，已经坏掉的表为什么又动了起来呢？

1. 是尤里·盖勒的念力起了作用

2. 由于当时使用发条式手表，润滑油太黏或者凝固等都能让手表停下来，而手掌的温度让润滑油熔化后，手表就能慢慢动起来

现在无法做到"用念力转动手表"

答案是 2。"用念力转动手表"的关键在于当时的手表是发条式的。

表演这个把戏的时候，正好是在三月或者一二月，天气比较寒冷。由于发条式的表会使用润滑油，一到寒冷的季节，便容易产生黏性妨碍齿轮运动。坐在电视前的人拼命握着手表就会让表变暖，因此原本凝固的润滑油渐渐融化，手表就会慢慢地动起来。如果坐在暖炉旁，效果就更加明显了。就算只有百分之一或千分之一的人能做到让手表动起来，加起来也有几千或几万人了。演播厅的 10 台临时电话肯定也会响个不停。

"超自然·超能力热"的始作俑者

1974 年 2 月 21 日，尤里·盖勒出现在日本著名主持人大桥巨泉主持的一档名为"11 PM（Eleven PM）"的节目中。出生于以色列的尤里·盖勒自称拥有超能力，他在节目中表演了诸如令勺子弯曲之类的不可思议的技能。从此，"超能力"等词便开始在日本流行。

从加拿大传送"念力"

1974年3月7日，尤里·盖勒在电视节目"NTV周四SPECIAL"中，宣称将为观众展示"从加拿大传送念力，让停掉的表动起来"。这场表演的成功奠定了他在日本"超能力者"的稳固地位。当时这个节目的收视率超过30%，想必电视机前会有数千万人观看吧。假设只有一成的人手里握着不动的手表，那也有数百万人在等着他发动念力。

除了用念力拨动手表以外，尤里·盖勒还宣言从加拿大传送的念力抵达日本时，还能让勺子弯曲，所以演播厅里聚集了很多对表演结果满心期待的少女，镜头前留下了她们手握勺子不断摩擦的影像，但现场谁的勺子都没有弯曲。

于是，主持人解围道，"那我们先不做弯勺子的实验，让我们赶紧进入复活手表的环节吧"，先行将节目推进到了下一环节。他向观众呼吁："拍摄现场安装了10台临时电话，停掉的手表动起来的人请打电话给我们。"于是，报告"手表动起来了"的电话便开始响个不停。

借由此次表演，尤里·盖勒超能力者的形象深入人心，成为人们茶余饭后闲聊的话题明星。

尤里·盖勒甚至还出演了日产 2006 年的电视广告片，虽然使用了电脑图像处理技术，但内容主要也都是"弯曲勺子"和"念力动表"一类，可见其当时人气之高。

　　1974 年，尤里·盖勒在日本大火，笔者当时还是大学生，曾兴趣满满地看过他的很多表演。

　　1976 年我当上了教师。时隔两年，尤里·盖勒再次来到日本，一时间超能力又一次成为热点话题。

　　想当年，我在办公室里说过"有很多种手法和把戏都能把勺子弯曲"，很多人因此批评我道："左卷老师真不懂浪漫啊。"

　　受尤里·盖勒的影响，日本出现了很多弯勺子的少男少女，其中以 S 少年最为有名。S 少年的特技是背对观众而坐，手里拿着勺子上下晃动几次之后，"砰"地将勺子掷出，掉在地上的勺子便会出现很大程度的弯曲。接下来，我们就探讨下这个问题。

超能力热和和弯勺把戏

Q 周刊杂志刊载了 S 少年弯勺作假的照片后，弯勺热潮逐渐消退。不过，S 少年究竟是通过什么样的方法使扔出去的勺子变弯了呢？

1. 被扔出的勺子在落地前被替换成了已经弯曲了的勺子

2. 表演所用的勺子之前已经弯折过很多次，扔出去的时候即便是遇到空气阻力也会变弯

3. 勺子在扔出去之前已经被用力压弯

被曝作假

答案是 3。1974 年 5 月 24 日发售的《周刊朝日》杂志刊载了《科学测试下终将原形毕露！"超能力热潮"被画上休止符》一文，文中指出：连闪技术连拍出的照片揭穿了 S 少年的把戏。其实在掷出勺子之前，勺子已经在地板、大腿和肚子上反复挤压多次，勺子早已变弯。

据说《周刊朝日》在拍摄的时候，为了让照片成像效果更好，提前在勺子上涂了白色的涂料，绒毯被勺子压过后，留下了一处处白色涂料的痕迹。

S 少年本人也承认"当天为了拍摄取材，几个小时一直都在弯勺，已经非常疲惫。所以才不得已捡了一把已经弯了的勺子扔了出去"。言外之意就是虽然因为疲劳困倦表演作了假，但自己其实一直都是用超能力把勺子弄弯的。

不过从此之后，超能力热潮便急速衰退了。

你也能做到的弯勺把戏

弯勺把戏这种魔术其实有很多种实现方法，这里为大家介绍一种简单的方法吧。此方法出自西尾信一先生撰写的文章《你也可以做到！弯勺把戏》，出自《理科的探险（*RikaTan*）》杂志 2016 年 10 月号。

如何选择勺子？

▶ 选择看起来很硬而实际又不是那么硬的勺子，不要选择标有 18 - 8、18 - 10 以及 18 - 12 规格的勺子。

▶ 勺柄剖面呈薄板状，同样厚度的话，勺柄的弯曲处越细越好。

双手的基本操作方法如下：

▶ 利用"将大小和方向相同的力施加在离转轴越远的地方，旋转效果（科学术语为力矩）越大"这一规律，尽量在远离勺子弯曲部位的地方发力。

▶ 要一鼓作气，迅速发力。瞬间的爆发力，其作用力的峰值才能超过弯曲勺子所需要的力。

◆ 让勺子弯曲的方法①

▶ 勺子尖的圆形部分朝上，勺头的凸面朝向自己，单手紧握，置于前方。然后，大拇指朝上，食指垫在勺柄最细处，向着食指的方向用大拇指用力按压勺柄，同时利用小指根部握住勺柄其余部分起到支撑作用。

▶ 用另一只手的两根手指捏住勺头的前端，想象"这把勺子是很柔软的"，然后利用整个手腕的力量像拉弓一样一口气掰向自己。

▶ 熟练以后，只用一根手指就能做到。如果不是特别硬的勺子即使用小拇指都没问题。

◆ 让勺子弯曲的方法②

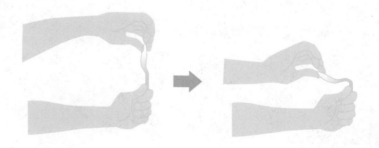

▶ 接下来就是表演成分了。在表演弯勺之前让别人拿着勺子或者让人敲打一下试一下是不是硬勺，确认没有

做任何手脚。

▶ 不要立刻弄弯它，先用手搓搓勺柄，摇晃摇晃，嘴里一边说着"变软、变软"，一边用两根手指捏住勺柄最细的部分不规则地晃动。由于眼睛的错觉，勺子看起来就像真的变软一样，于是，弯勺的效果便顺利达成。

尤里·盖勒也没能弄弯的勺子

虽然也有事先准备好弯曲的勺子偷梁换柱的案例，但如果练习得得心应手后，不用像 S 少年那样背对着观众，即使在观众面前也能够弄弯勺子。美国的魔术师詹姆斯·兰迪（James Randi）曾以魔术表演的形式重现了尤里·盖勒所谓的超能力。

不过，如果勺子是用非常大力气也无法弄弯的材质，耍花招就比较难以得逞。2012 年 4 月 29 日富士电视台综艺播出的节目《矛与盾》中，上演了一场主题名为"绝对不会变弯的勺子 VS 绝对可以让一切变弯的男人尤里·盖勒"的对决，尤里·盖勒并没有能够弄弯由山崎金属工业提供的名为"Cobra"的勺子。由于使用的勺子是特殊材质和特殊形状的，所以无法提前找一把一模一样的勺子弄弯再临时调包。

狗狐狸（银仙）游戏

Q 在纸上画上鸟居（参见 212 页图），并写好"是"
"否"和日语里的五十音图，再将一枚 10 日元硬币放在鸟
居上。然后几个人把食指放在硬币上，吟唱降灵的咒语祈
求神明的意志。随后，硬币便会在写好的"是"或"否"
等文字间移动以示神谕。这便是所谓的"狗狐狸"（银
仙）游戏。那么游戏中让 10 日元硬币移动的主要原因到底
是什么呢？

1. 狐仙之类的鬼神附体让硬币动了起来

2. 有人故意移动硬币

3. 因为摩擦产生了静电作用力

4. 受潜意识的影响，游戏参与者无意识地碰了硬币

迈克尔·法拉第的研究

答案是 4。关于狗狐狸游戏中硬币为何会动的解释，19 世纪发现了电磁感应现象的迈克尔·法拉第发表的《桌灵动（Table-moving）的实验研究》论文中便有所阐述。桌灵动（Table-moving）就是桌灵转（Table-turning）的另一种叫法。

迈克尔·法拉第
（1791—1867）

日本学者板仓圣宜所著《魔术、超能力与科学的历史备忘录》一书中称，19 世纪中叶招魂热潮曾席卷欧洲。

当时，招魂术最早在新兴国家美国公开表演，随后便盛行于整个欧洲。根据牛津英语词典中注释，桌灵转（Table-turning）最早出现于 1857 年。日本的狗狐狸游戏应该也是源自这个时期吧。

法拉第一直在担心这个现象，他说："想要以事实为基础，提供具有说服力的看法，于是开始了这项研究。"论文的日文版本收录于参考文献 1 中。

"我不认为参与者（参与狗狐狸游戏的人）是故意

在桌子上移动硬币，反倒几乎是无意识的肌肉运动让硬币动了起来。此外，我还认为他们的预期（意向）影响了心理，进而影响了他们桌灵转的成败。"论文通过实验验证了这一假设。

法拉第在论文的结束部分写道："我对以上的叙述略感羞耻。羞耻的是，我很怀疑在所谓的现代社会，在此时此地，是否真的有必要做这样的研究？话虽如此，但我仍觉得这个研究可能会有些用处。"当时，作为世界的中心，而且是科学最为先进的英国居然流行这种东西，法拉第又不得不用对待科学的方式去研究它，想必心里也是一言难尽吧。

井上圆了的研究

在日本，井上圆了也阐明了狗狐狸游戏是基于预期意向和不自觉的肌肉活动而产生的。井上圆了在解释为什么狗狐狸游戏硬币会动时，先后否定了狐狸鬼神作祟说、静电力作用说，也一并否定了参与者中有人故意移动或者实际没动但硬币看起来像是动了的说法。他指出，狗狐狸游戏使用的设备比较容易晃动，稍微移动便会加强人与装置之间的活动。而更重要的原因是源自人的精神作用，那就是心理预期和肌肉的不自主运动。

由于参与游戏的人在游戏开始之前，就已经在潜意识中产生了诸如"如果这样动起来就好啦"或者"答案肯定是这样的"等心理期待（心理预期），因此肌肉便开始无意识地运动起来（肌肉的不自主运动）。心理预期与信仰心有着很深的联系，想必那种什么都会轻易相信的人有着更强的心理预期。试想一下，几个人在漆黑的屋子里围坐在桌子旁，站着将手指放到 10 日元硬币上，手肘也没有任何支撑，这样的状态在力学上是非常不稳定的状态。最先让硬币动起来的契机，或许就是某个人的手指微微一动吧。设备的不稳定性以及用来营造神秘气氛的极具仪式感的游戏规则，进一步强化了参与者的心理预期和肌肉的不自主运动。

"狗狐狸"登陆日本

"狗狐狸"是起源于欧洲的招魂术的一种，在欧美被称为"桌灵转"。

井上圆了是日本最早用科学的方法解释"狗狐狸"的人，而狗狐狸传到日本的经过在井上圆了所著的《妖怪玄谈狗狐狸一事》（明治二十年重印版，假说出版社，1978年）中有详细记载。这本《妖怪玄谈》在日本网上的图书馆或青空文库都可以读到。

　　根据井上圆了的调查，狗狐狸最早在日本起源于明治十七年（1884 年）。由于船只破损，美国船员漂浮到了伊豆。船员短暂逗留在下田期间，教会了当地人狗狐狸游戏的玩法。而道具的制作则使用了在日本很容易弄到的东西，将 3 根长 40～50 cm 的棍子交叉直立作为桌腿，再在上面放上饭桶（装饭用的木制器具）的盖子作为桌面，然后三个人围坐在旁边，将手轻轻放在桌子上，同时嘴里念着："狗狐狸大人、狗狐狸大人请显灵。显灵的话就抬起一只桌腿。"桌子一歪，桌腿翘起来就是显灵了。

　　事先标好了哪只桌腿抬起来表示"Yes"，哪只桌腿抬起来表示"No"，狗狐狸显灵后就可以针对各种事情请示神谕了。

◆ 当时的狗狐狸装置

由此，狗狐狸便从下田的港口传开来。明治二十年（1887 年）狗狐狸在日本全国盛行。其实在下田的美国船员告诉当地人这个游戏叫"桌灵转"，但当地的日本人不懂英文，看到了用饭桶盖子做的桌子一晃一晃地倾斜，便称之为"一晃一晃"或"一晃一晃先生"（日语里的一晃一晃是拟态词，读音与狗狐狸相近）。之后又根据发音分别配上了"狐""狗""狸"三个汉字，就有了如今的"狗狐狸"。

超能力热潮

在那之后，狗狐狸游戏几度流行。到了昭和四十九年（1970 年），狗狐狸游戏伴随着超能力热潮在全国范围流行。这时候已经不用桌子了，一般的玩法是在纸上画上鸟居并写好"是""否"和日语的五十音图，再将一枚 10 日元硬币放在鸟居上。然后将几个人的食指放在硬币上，吟唱降灵的咒语。成功请灵后，祈求神明的意志。神明的意志通过将 10 日元硬币移动到写有"是"或"否"的地方来传达。

而实际上请灵的对象也不一定都是狗狐狸，也有请丘比特或者天使的，各种各样的神灵都有。

于是，出现了很多奇怪的现象。有人表现出好像被什么附体的状态，有人从学校的三楼摔下来，有人陷入神经衰弱状态，也有人用奇特的方式奔跑。种种问题好像都和沉迷聚众玩狗狐狸游戏扯上关系，因此学校便开始禁止狗狐狸游戏。

◆ 日本纸版狗狐狸游戏的示例之一

在高中物理课上，宝田卓男曾教学生们狗狐狸的玩法。仅通过亲身体验这种现象，就可以发现玩这个游戏的人有可能会陷入自我催眠状态无法自拔，从而引起恐慌。借此，宝田老师向学生充分说明了产生这种现象的根本原因，其实是人的心理预期和肌肉的不自主运动在作祟。

宝田老师解释道（可参见参考文献3）：

"问题其实出在人们放弃思考'为什么'，很快就下结论说是'超能力'或是'超自然现象'。心理预期其实人人都有，而汽车方向盘的自由行程也是为了防范肌肉不自主运动而设计的。

"搞不明白的事物世上比比皆是，只停留在不明不白的状态不叫有梦想，一样一样去解明不明白的事物才能被称为有梦想。我希望大家学习科学也一定要有梦想。"

希望大家在看到类似狗狐狸游戏这样的现象时不要一味吵嚷："这属于神秘现象！""这是超常现象啊！""神灵附体啦！"千万不要停止思考。要学习 19 世纪的法拉第和明治时代的井上圆了，努力探求隐藏在背后的原理。

如果类似的现象再度流行起来，希望不要不说明缘由就直接禁止，一定要清楚地解释现象背后的本质原理。

参考文献：
1.观察、思考事物的方法第二集魔术·骗术·超能力. 季节社，1981。
2.[日]安齐育郎，科学与科学之间：超常现象的流行与教育的角色. 鸭川出版，1995。
3.[日]宝田卓男，挑战生动的理科实验. 黎明书房，2001。

用科学来解释"心灵现象"吧！

后记

　　我小时候就是人们常说的"记性差"的孩子和学习差的差等生，上课经常跟不上老师进度。小学五年级的时候，班主任平原先生和蔼地对我说："左卷，看来你真的很喜欢理科。"这是我入学以来首次被老师表扬。

　　仅此一句话，让我更加爱上了理科。

　　由于"记性差"，所以我仍然很难喜欢上需要大量记忆力的领域，但是平原老师的话赐予了我一个契机。我对理科的兴趣从未断过，大学开始主攻物理、化学，研究生毕业后做了一名中学理科教师。

　　日本的中学理科教师需要教物理、化学、生物、地理等各个学科。我在教授某些知识点的时候，会尽可能地从本质上去理解这些内容，融会贯通后再传授给学生。

　　渐渐地，我发现理科所有学科都非常有趣，我积极地投身到了理科教育事业中。后来，尽管我以理科教育研究员的身份调到了大学，但是在我的书里，总会提及置身教育第一线教理科时艰苦"战斗"的种种经历。

言归正传，本书主要介绍的是中学理科的物理知识，或许有的读者会觉得"原子能与放射线"的内容有点超纲。

但事实上，2012 年起完全普及的日本中学理科教育课程中，已经再度开展了暌违 30 年的放射线内容教学。在此之前，大约有 30 年的学习空白期。

我手边就有以前的中学理科教科书——《新版新科学3》（1971 年，东京书籍出版）。书中就有相关的内容：原子的构造——原子由原子核与电子构成；原子核由质子与中子构成；放射线元素会放出放射线；人为改变元素。

这本教材中还有关于"放射性同位素释放放射线的同时发生衰变（放射性衰变）""铀 235 核裂变的连锁反应"等图片。

我想把当年教科书上的知识作为常识告诉大家，所以本书中也特意做了介绍。

此外，"超能力与心灵现象"选取我当理科老师时学校、电视上流行的热门话题——勺子弯曲、狗狐狸游戏等。勺子弯曲是正宗的物理题材，狗狐狸游戏也可以用大科学家法拉第的理论解释清楚。

总之，我希望读者看完这本书后，可以多多少少对物理产生兴趣。

最后，非常感谢本书编辑田畑博文。

左卷健男

2018 年 2 月

协助人员：

漆原晃（教育机构代代木seminar）

田中岳彦（三重县立津西高校）

平贺章三（奈良教育大学名誉教授）

桥本赖仁（枚方市教育委员会非常勤）

井上贯之（理科教育顾问）

横须贺笃（埼玉市公立学校教员）

日上奈央子（广岛大学大学院国际协力研究科院生）

舩田优（千叶县立松户六实高等学校）

参考文献

《物理真好玩》：〔日〕左卷健男著，日本PHP Editors Group 2012 年出版。

《理科真好玩》：〔日〕左卷健男著，日本PHP Editors Group 2013 年出版。

《让大脑变聪明的1分钟实验"物理的基本"》：〔日〕左卷健男著，日本PHP Science World新书2013 年出版。

《不勉强不浪费地掌握中小学理科知识》：〔日〕左卷健男著，日本PHP Editors Group 2017 年出版。

《快乐理解物理实验事典》：〔日〕左卷健男、泷川洋二编著，日本东京书籍1998 年出版。

《解谜学中学理科：上下》：〔日〕平光伸好著、左卷健男主编，日本民众社1995 年出版。

《用物理解释日常疑问》：〔日〕原康夫、右近修治著，日本SB Creative 2011 年出版。

《解谜学大学物理——无聊力学与波动的趣味》：〔日〕饱本一裕著，日本讲谈社2001 年出版。

《科学Puzzle　第1集》：〔日〕田中实著，日本光文社1968年出版。

《Puzzle·物理奇妙入门——掌握物理核心》：〔日〕福岛肇著，日本讲谈社1994年出版。

《Puzzle·物理入门》：〔日〕都筑卓司著，日本讲谈社1968年出版。

《大人必须了解的物理常识》：〔日〕左卷健男、浮田裕编著，日本SB Creative 2005年出版。

《新高中物理教科书——现代人的高中理科》：〔日〕山本明利、左卷健男编著，日本讲谈社2006年出版。

《放射能（修订版）》：〔日〕安斋育郎著，日本鸭川出版1988年出版。

《理科探检》杂志（*RikaTan*）：SAMA策划编辑，书中"超能力和心灵现象"部分以2017年10月号特集《科学揭秘神秘·超常现象！》刊载的左卷健男论述为参考。